U0184553

传奇艺术家与他们的衣着

Legendary Artists and the Clothes They Wore

Terry
Newman
［英］
特里·纽曼
著
邓悦现
译

重庆大学出版社

目 录

前　言

我想穿着我的蓝色牛仔裤死去。

——安迪·沃霍尔，《安迪·沃霍尔的哲学》，2007年

《传奇艺术家与他们的衣着》一书，探索了一众知名艺术家的个人着装风格宣言：弗里达·卡罗、凯斯·哈林、萨尔瓦多·达利和马塞尔·杜尚等。介绍他们明显的标志性着装风格，以及其中的创造性，如何影响了时尚界。艺术世界关乎个人表达和视觉的力量，从这种意义上来说，艺术家的造型和个人魅力，跟他们的专业能力一样值得深究。2008年，在《纽约时报》的一篇采访中，96岁高龄的路易丝·布尔乔亚说道："人们穿衣服，无非是想展示些什么，同时，隐藏些什么。"艺术家的工作，是进行文化批评，把自己的思想投射在作品之上，创作出富有教育意义的、令人尊重的传世之作。而他们在做这一切时所穿的衣服也非常有趣。

艺术中的身份至关重要。而从身份认同的角度去研究那些我们最爱的艺术家，可以让我们了解他们更深层次的性格和脾

气。他们的穿着，透露了他们的个人审美、生活状态、兴趣喜好，乃至出身。弗里达·卡罗的艺术和衣橱都洋溢着墨西哥风情，淋漓尽致地展现出她的个人特质：包括她的力量、她的脆弱，她在政治和个人生活上的信条。艺术家大多遵从直觉和本真，无法掩饰自己的本性。研究他们的衣橱，可以帮助我们理解他们被什么深深吸引。他们穿什么去工作、出门见人，他们与时尚的关系，时尚又是如何借鉴他们的艺术，这些都非常值得研究。

通过时装来研究艺术，这听起来似乎有点简单甚至牵强，有点像把艺术家的着装和他们的作品对等起来。然而研究艺术家的衣橱，可以让我们对他们丰富的自我表达产生全新的理解。让·米歇尔·巴斯奎特的作品，融合了纽约上城和下城的元素——涂鸦标签和诗歌，名流和骷髅，都传递出他的艺术宣言。他画的就是他自己——也正因为如此他的画才那么富有魅力。而他的衣服也讲述着他的故事。他以热爱名牌时装出名，但会用精致的Armani或山本耀司西装搭配Levi's的破洞牛仔裤、脏辫和肮脏的帆布鞋。大卫·霍克尼是著名的色彩大师，热衷于描绘加州金色阳光下蓝宝石般的游泳池；而他自己的衣橱里也色彩缤纷：太阳花黄色的格纹长裤，天空蓝夹克外套，樱桃红色的领结，是这位英格兰北方人的标志性单品。

对另一些艺术家来说，时尚更是成为他们主业的一部分，他们还创作出了精彩的时尚艺术作品。早在1980年代，草间弥生就在布鲁明戴尔百货公司拥有自己的时装系列，远远早于2012年与Louis Vuitton和马克·雅可布(Marc Jacobs)的合作。她在2012年7月《女装日报》的采访中表示："我从那时候开始卖自己设计的时装，但其实我从很小就开始动手做东西了。不管是雕塑还是衣服，对我来说都一样，都是我的创作。我不觉得有什么区别。它们都是我艺术的一部分。"在80多岁的时候，她看起来依然像是一块移动的画布。草间弥生的个人魅力和创作才华可以说是相辅相成、不可分割的。

多数的艺术家选择把自己代入他们的作品中。所以埃贡·席勒的主题之一也无可厚非的是他本人；他的作品《穿孔雀背心的自画》把他本人张扬肆意的浪荡子形象呈现在了诸多喜爱他风格和艺术的观赏者面前。他的取景角度、对服装的创意搭配以及不羁的表情则成了时尚的经典，因此大卫·鲍伊（David Bowie）1977年的专辑《英雄》(*Heroes*) 的封面设计，就致敬了这位艺术家标志性的手指动作和眼神。艺术家们也可以给时尚界上上课：20世纪60年代，小野洋子穿的是她经典的白色漆皮长筒靴，到了70年代，是宽松卡其军装搭配贝雷帽，或是大檐遮阳帽搭配清凉的卡夫坦长袍，然后80年代，受《银翼杀手》的影响，是包脸墨镜以及极简主义的全黑风格。她的艺术理念也映射着每个时代的文化——为了反越战游行并与列侬掀起"为和平不下床"行动，90年代的"愿望树"装置艺术，以及她于2000年在"艺术家反对水力压裂（开采法）"环保倡议组织中扮演的角色，她倡导或参与的运动总是关注当下，正如她的时尚理念。

部分艺术家和时装设计师则认为艺术与时尚间存在着天壤之别。即便是一些被公认为富有"艺术气质"的设计师也对此类标签保持着一定的距离。被称为"前卫之王"的比利时设计师马丁·马吉拉（Martin Margiela）在1983年*Knack*杂志的专访中阐述过他的观点："我讨厌人们有时候将时尚与艺术相提并论，艺术是一个设计师不应该假装自己身处的领域。时尚是一种与时代和社会密切相连的产物，并且在周围一切的影响下不断飞速地进化和改变着。我是为了人们的穿着需求而设计服饰的。"皮耶尔·贝热（Pierre Berge）曾说过："时尚不是艺术，但是没有艺术，时尚则无法生存。"——然而再看贝热的搭档伊夫·圣·洛朗的生活与作品，人们无法不把他与艺术家的内核画上等号。他就像一个顶级的芭蕾舞者，让一切作品都看起来毫不费力；他笔记本里一条轻松的线转瞬就化作T台珍品。艺术显然提升了圣·洛朗的造诣——毕加索是他的最爱，但他也曾用作品致敬过诸多其他艺术家，包括马蒂斯、梵高和蒙德里安。时尚设计大师川久保玲曾经在1998年对《纽约时报》的苏西·门克斯（Suzy Menkes）说："时尚不是艺术，艺术品最终会被卖给某个人。时尚是一个个的时装系列，是一种社会现象，并且更加独立化、个人化，因为你用其表达自我个性。这是一种主动的参与；艺术则是被动的。"

总的来说，时装设计师总是会被艺术家们的着装风格和他们的艺术创作所吸引。罗伯特·马普雷索普的着装一向轻松休闲，有一种融合了街头智慧的优雅，这种风格已经成了时尚秀场中酷的代名词。他也因此成为Raf Simons 2017春季男装系列的灵感源泉，秀场上齐刷刷的都是戴着皮质棒球帽和带扣裤链的阳光气质男模，而这一系列的时装上还印有马普雷索普的作品。更为人们所熟知的例子，是皮耶特·蒙德里安（Piet Mondrian）的作品启发了圣·洛朗1966年的那个著名的系列，设计师将这位荷兰画家简洁、大胆、线性的画风成功地"翻译"成一件件经典的直筒连衣裙。设计师曾经表示："蒙德里安是20世纪的杰作。" 这款直筒连衣裙是一件彰显着秩序感的完美造型，而这种简洁而不失优雅的线条则成了圣·洛朗永恒的时尚

我告诉过伊丽莎白·佩顿（Elizabeth Peyton），我认为艺术家全都是被某种宇宙灵感的力量眷顾过的生命体。而如果要聊创意，我所顾忌的点则在于，"我是一个设计师，我做衣服、包、鞋子，我的工作内容包含一些创意方向的选择，但是我却不像艺术家们一样，我没有被这种宇宙灵感的力量所眷顾！" 她回答："你还可以喜欢你喜欢的各种事，而且，你知道的，我们也喜欢你的衣服！"

——马克·雅可布，*Interview*电子版，2008年11月30日

标志。在这件作品中，形状与图案是如此互补而和谐。

这并非是蒙德里安第一次获得时尚界的致敬。回到1930年代，波兰裔法国设计师罗拉·蒲萨科（Lola Prusac）也曾受到他作品的启迪，用其图案创作了几何图形风格的Hermès手包。至于蒙德里安本人的时尚敏感度，则彰显了一位潇洒绅士的精确品质：他胡须的形状以及量身定做的西装，都与他那些纯抽象图形作品中的细致与严谨如出一辙。这种互相启迪的关系在时尚圈与艺术圈可谓比比皆是。1974年，安迪·沃霍尔用丝网印刷再现了圣·洛朗的肖像，而他引领的波普文化以及由“工厂文化”衍生出的朋克——“垮掉的一代”时尚风格更是影响着至今的好几代人。单色条纹T恤、紧身牛仔裤外加墨镜，也是一种安迪·沃霍尔休闲风格。

如今时尚帝国与艺术帝国更像是两座并肩矗立的大厦：时尚界是艺术节的重要赞助方之一；而当时尚界出现特别棒的灵感，二者之间的界线又会变得模糊。缪西娅·普拉达（Miuccia Prada）与艺术家卡斯顿·霍乐尔（Carsten Holler）合作创作的Double Club粉色霓虹装置，最早于2008年在伦敦首次展出，之后于2017年在人声鼎沸的巴塞尔迈阿密海滩艺术博览会上再次展出。这两次展出的成功证明艺术与时尚的跨界可以是愉快而充满创意的，不仅碰撞出新的灵感火花，更让彼此获益匪浅。在过去的20多年里，普拉达基金会不断赞助富有潜力的创意人才；继2011年开设威尼斯宫并在其中举办各类艺术展览之后，基金会又于2015年开设了全新的米兰会址。这座建筑由荷兰建筑设计师雷姆·库哈斯（Rem Koolhaas）操刀设计，开

我曾经以为艺术是高级的，时尚是低级的，前者比后者更具有某种道德标准。这是一种20世纪60年代人的通病，因为我生于那个充满游行抗议的1968年。但是艺术对我来讲太重要了，现在我不想再把二者故意分开。

——缪西娅·普拉达，《缪西娅·普拉达专访：米兰普拉达基金会》，由阿拉斯泰尔·苏克（Alistair Sooke）撰文，《每日邮报》网络版，2009年

馆后同样是各种艺术展不断。

缪西娅·普拉达不会用传统的方式来“推送”艺术家；她的秀场充满了艺术氛围。2018年，她邀请了四组她最喜爱的创意团队，或者可以称为艺术家团队——罗南和艾尔文·伯罗莱克(Ronan & Erwan Bouroullec)、康士坦丁·葛切奇(Konstantin Grcic)、赫尔佐格和德梅隆（Herzog & de Meuron），以及雷姆·库哈斯 (Rem Koolhaas)，在当年的早秋系列发布中，让他们来诠释缪西娅·普拉达一直以来情有独钟的尼龙材质。而在同年的春夏女装系列中，她则找了八名女性漫画家共同创作。Prada并不是唯一拥有自己的美术馆的时尚品牌：在威尼斯圣马可的福图尼宫（Palazzo Fortuny）中，不仅陈列有马里亚诺·福图尼（Mariano Fortuny）的精美女装（深受普鲁斯特的赞美），还有这位设计师的绘画与摄影作品，以及从桑德罗·波提切利（Sandro Botticelli）到玛丽娜·阿布拉莫维奇（Marina Abramovic）不同时期的艺术作品，宛如一段微缩的艺术史。

时尚界也将荣誉授予艺术家。例如古根海姆基金会旗下的Hugo Boss艺术奖，已经持续资助了艺术行业新星长达20年之久。2005年，意大利时装品牌Max Mara与伦敦的白教堂画廊共同设立了女性艺术奖。

礼尚往来，艺术界同样给予时尚圈厚爱。1936年，瑞士艺术家梅拉·奥本海姆 （Meret Openheim）在一次聚会时遇上了艾尔莎·夏帕瑞丽（Elsa Schiaparelli），并为设计师当时手头的秋冬系列想了个“皮草手镯”的主意。当时这位艺术家本人可能根本没想到，日后她最著名的作品《皮草中的午餐》，灵感正是来源于此。在这次相遇之后不久，奥本海姆又戴着这件配饰在巴黎花神咖啡馆遇到了毕加索；毕加索对着手镯大声评价说：“一切物品都可以被皮草包裹。”这给了奥本海姆足够的灵感，把咖啡杯和餐具都包上了皮草。回到当代，日本艺术家村上隆与诸多潮流品牌进行了合作，诸如Comme des Garçons、Vans、Billionaire Boys Club以及Supreme等，他们共同推出了各项限量版潮T、滑板板面、帆布鞋和其他让人充满购物欲的收藏级单品。这里还有一个有趣的后现代反转：2017年，芭芭拉·克鲁格（Barbara Kruger）与潮牌Volcom合作创作了行为艺术作品*Untiteld*（*The Drop*），在这件作品中处处都能见到Supreme标志性的配色以及字体；因为Supreme正是免费“借鉴”了克鲁格的标志性字体和排版作品来设计自己的品牌Logo。总的来说，艺术家可以随时与时尚界发生关系：因为二者都热衷于发表自己的态度宣言。

在罗伯特·舒尔（Robert Shore）的书《祈求、偷窃和借用》（*Beg, Steal, and Borrow*）中，他指出一切艺术的本质都是抄袭—或者用毕加索的话说，“艺术即行窃”。正如潮流引导者玛丽亚·嘉茜娅·蔻丽（Maria Grazia Chiuri）在Dior工作时期充分表达了她对艺术家妮基·桑法勒（Nikki de Saint Phalle）和莱昂诺尔·菲尼（Leonor Fini）的喜爱，巧妙运用他们艺术作品中的意象，将之化为时装单品中的设计元素，开创出一种全新的设计手法。但其实这种设计方式也并没有那么创新：1913年创立于伦敦市中心布鲁姆斯伯里地区的艺术团体欧米伽工坊，就用一种前所未有的方式将先锋艺术和时尚结合在一起，他们受到后印象派的启发，同时将现代主义抽象或简化的形状和大胆的色彩带进了家居用品设计中。

与此同时，保罗·波烈（Paul Poiret）正改变着女装的廓形和意义。在1931年的回忆录《时尚之王》（*King of Fashion*）中他写道：“当我梦想把艺术加诸我的设计当中时，是在痴人说梦吗？如果我说设计时装是一种艺术，人们会笑我傻吗？我一直以来都深深热爱着画家们，觉得自己也有权和他们同台对话。因为看上去我们的确在使用类似的技艺，他们也的确是我的同行。”1910年，波烈开始与法国野兽派艺术家拉乌尔·杜菲（Raoul Dufy）合作，委托后者为他的波希米亚风格时装创作印花；这无疑是时装设计师和艺术家之间一次具有历史意义的跨界合作。

在数字时代的人们已经默认，对已有的作品进行一点点改动经常是创作过程的起点。这种小小的改动现在已经变得非常简单易行，所以在未来，时装与艺术的合作在艺术史上的地位可能会越来越显著。在21世纪，要把艺术和时尚强行分开显得有些无趣，毕竟很多跨界的先驱早已乐在其中。20世纪40年代，雕塑家亨利·摩尔（Henry Moore）愉快地从事过一阵子面料设计，丝毫没有担心此举会影响他的艺术声望。萨尔瓦多·达利（Salvador Dali）曾亲手绘制并且签名了一套领带。设计师胡赛因·卡拉扬（Hussein Chalayan）曾经在2009年《独立报》的一篇报道中说：“你可能会说我是一位富有艺术性的设计师……所以呢？我绝对是一个创意型的人。但是我不喜欢被贴上标签。这些标签的作用只是帮助门外汉简单了解你的工作职能。但是它限制了你的工作自由，所以毫无意义。”

20世纪30年代，索尼娅·德劳内（Sonia Delaunay）坚称，她所设计的服装不仅仅是简单地印上了她的画。在这个说法的背后是她完整的创作理念：在创作中，她会同时构思画作和服装，让二者天然成为一体。她说：“对我来说，我的画和我那些所谓的‘装饰性’产品之间是没有距离的。”虽然不是每个艺术家都会去设计服装，但他们经常通过着装风格把自己的艺术理念更广泛地传播出去：从穿睡衣上街的朱利安·施纳贝尔（Julian Schnabel），到永远穿同款“责任套装”（Responsibility Suits）出现的艺术家吉尔伯特与乔治（Gilbert and George）行为艺术双人组，他们创造的不仅仅是艺术作品，同时也包括了他们的着装。

有时候，这套理念的呈现方式会比较微妙。正如路易斯·内维尔森在1972年《美国艺术档案》（*Archives of American Art*）的采访中说的："我认为我们可以通过仔细辨认一个人的服装来定位这个人的身份。这很重要，并不肤浅，而且非常深刻。例如我年轻的时候喜欢华丽高调的、引人注目的服装和首饰。所以，当时人们认为我是一个肤浅的、不会真正走心用功的女人，大家一般都会这么认为。但我认为这是他们自带的偏见，不是我的偏见，是他们自己的——他们觉得艺术家应该呈现出某种特定的样子——越老越有感觉，越丑越有态度，这样的人才能让他们觉得是用功努力的、有深度的艺术家。怎么说呢，这就是迂腐的想当然和偏见。我毕生都在努力打破这种态度，至今没有停过。"

有时候你可以从艺术家的着装，看出他们一生的故事。勒内·马格利特的帽子，塞西尔·比顿（Cecil Beaton）的西装，还有理查德·阿维顿的眼镜，这些都展现了他们的个性。研究他们的着装，就如同在阅读他们的传记中没有被写出的一章；这能帮助我们看清他们当时正处于人生中的哪个阶段，以及他们是如何成长、变化的。2016年8月，《卫报》引用了已故的罗伯特·劳申伯格的一段话："我觉得一件T恤所经历的一切都很有意思：在阳光下晒了一段时间，你穿着它去游泳了，或者狗趴在上面睡了一觉。我喜欢这些物品的经历……万物皆有经历，所有的材料都自带一段历史。"

了不起的艺术家散发出的人格魅力是历久弥新的。虽然比起他们的作品来说，他们的服装不能流传后世，但二者有一点是一样的：都是经由创作者的火眼金睛审视而得，而它们所承载的信息也在瞬息万变的时尚世界中讲述着它们的故事。这本书探索了艺术与时尚的界限，以及两者如何共鸣，甚至合奏出令人满意的和弦。

让·米歇尔·巴斯奎特
JEAN-MICHEL BASQUIAT

人们都说，让·米歇尔·巴斯奎特看起来就像艺术。

——雷内·里卡尔（Rene Ricard），《光彩夺目的孩子》，《艺术论坛》杂志，1981年12月刊

2017年，日本购物网站Zozotown社长前泽友作（Yusaku Maezawa）在纽约苏富比拍卖中以1.1亿美元拍下了让·米歇尔·巴斯奎特的《无题》(*Untitled*)。同年，衰败城市（Urban Decay）推出了他们和巴斯奎特的联名彩妆系列，担任代言的是模特鲁比·罗斯（Ruby Rose），她身上就文了一个巴斯奎特的头像。潮牌Supreme也曾在2013年推出印有巴斯奎特头像的卫衣。21世纪的时尚界，永远迷恋着巴斯奎特——这个男人，这段神话，这件畅销品。

这不奇怪。在1981年《艺术论坛》杂志上发表的文章中，诗人雷内·里卡尔把他称为“光彩夺目的孩子”。2010年，巴斯奎特的好友、电影制作人塔拉·戴维斯（Tamra Davis）也以此为名拍摄了一部关于他的纪录片。巴斯奎特，如此光彩夺目，他的画作震撼了整个艺术界，随即轰动一时。而他的个人审美

→让·米歇尔·巴斯奎特，纽约，1985年

歌手Fab Five Freddy在接受《名利场》杂志采访时说，当这位艺术家的第一个涂鸦签名SAMO开始出现在曼哈顿周围时，“（它就）瞄准了艺术界。因为他喜欢那群人，但同时对那群人感到愤愤不平。”巴斯奎特生活中的种种矛盾之处，都体现在了他的作品之中：有失落，有进取，有愤怒，也有无尽的才华。

他总是尝试不同的衣服：事业刚起步时，他会在街上卖涂鸦的T恤和毛衣，赚钱付房租；当他有钱了，在工作室画画时都会穿阿玛尼。2014年，他的前室友和爱人亚历克西斯·阿德勒（Alexis Adler）委托佳士得拍卖巴斯奎特1979—1980年的一批绘画作品，其中就包括了一些带有他Logo的套头衫和条纹外套。他们同居期间亚历克西斯拍的一张照片里，巴斯奎特头戴橄榄球头盔，正在观看一台装在冰箱里的电视，电视里放映着年轻的乔治·H.W.布什。还有一张则聚焦于巴斯奎特当时相当

> 巴斯奎特的着装总是前所未见；他充满了人格魅力，总是高高地仰着头，令人倾倒……他热爱奢华，但从不会把任何奢侈品当一回事。这就让他更迷人了。
>
> ——塔拉·戴维斯，《光彩夺目的孩子》导演，《纽约时报》，2010年7月

前卫的发型：前面剃光，后面留着长长的发绺；阿德勒解释说，他“想看上去将要到来的同时即将离开”。

巴斯奎特的恐惧，后来成为他艺术创作中的一个关键因素。1976年，摄影师尼古拉斯·泰勒（Nicholas Taylor）在泥浆俱乐部（Mudd Club）拍摄了一卷胶卷，其中巴斯奎特的头发剃成了整齐的莫霍克发型。这位艺术家时不时就会改变自己的造型，尝试不同的衣服。尽管沉迷于涂鸦，他看起来却从来不是一个典型的涂鸦者。在职业生涯后期，他会穿着睡裤、头顶鸟窝去参加画廊的开幕式。他的艺术与着装风格一同进化，并且时时出人意料。

弗里达·卡罗
FRIDA KAHLO

如果拥有翅膀可以飞翔，我还要双脚干什么？

——弗里达·卡罗，日记档案，1953年

弗里达·卡罗的作品融合了民间艺术、半超现实主义和个人自传，而她的衣橱也是同样多姿多彩。1938年11月在*Vogue*杂志的一篇文章中，她说："我一直不知道自己是一名超现实主义艺术家，直到安德烈·布雷东（André Breton）来到墨西哥告诉我。"布雷东说的可能是对的，也可能是错的；但他把弗里达称为"缠绕着炸弹的丝带"，这倒是非常精准的总结。弗里达的着装完全符合她的性格。她经常身穿一件墨西哥传统的惠皮尔（huipil），那是一种方领短上衣，装饰有织锦、串珠、花朵、宝石和古板蕾丝的Juchiteca头饰。她那些漂亮的衣服都由多种面料制成。蓬松的曳地绸缎长裙，搭配裹在腰上的褶边围裙；头发掺杂着五颜六色的羊毛和戴着花朵的辫子，每根手指都戴着戒指。卡罗的衣饰并不是戏服，更像是关于她出身和身份的宣言。她并不拘泥于墨西哥传统服饰，她会精心搭配来自危地

→弗里达·卡罗，约20世纪50年代

马拉或是中国的衣饰，或是来自欧美的化纤面料。金色的猫眼墨镜是卡罗的标志性单品，但只会用来搭配她最爱的金线刺绣龙纹中式衬衫，以及前西班牙时期的软玉项链。

2012年，墨西哥城的弗里达·卡罗美术馆举办了一场名为“外表是具有欺骗性的”（Appearances Can Be Deceptive）的展览。在这次展览中，世人第一次得以目睹弗里达的衣橱；自从她于1954年去世后，这些衣服在她的丈夫和搭档艺术家迭戈·里维拉（Diego Rivera）的要求下已经尘封超过50年。这些衣服被保存在她一生的居所“蓝屋”（La Casa Azul）的卧室之中，共计300多件，外加大量珠宝和配饰。其中包括一些堪称艺术品的手绘胸衣，有些上面画着魔幻的旋涡图案，还有一件上面画着锤子与镰刀的图案。在1954年的作品《马克思主义将让病者恢复健康》（*Marxism will give health to the sick*）中，卡罗身穿一件棕色带扣皮制胸衣，让人想起Alexander McQueen 1999春夏发布会。截肢的残奥会运动员艾米·穆林斯（Aimee Mullins）佩戴着麦昆为她制作的木雕假肢出现在T台上。卡罗对自己的假肢有几分迷恋，她常穿着一双绣有中国图案的红色皮靴，上面还装饰着两个系着蓝色天鹅绒丝带的铃铛。她小时候感染了小儿麻痹症，一条腿因此萎缩；18岁时，她又在一次公共汽车事故中受了重伤。1953年，她患了坏疽，那条萎缩的腿因此被切除。从这场展览中可以看出，卡罗会借助衣着来掩饰自己的身体缺陷。海登·赫雷拉（Hayden Herrera）在卡罗的传记中说，当她“穿上特瓦纳（Tehuana）的服装，她就是选择了一个新的身份，就如同一名取下面纱的修女”。

2017年7月，达拉斯艺术博物馆举办了一场活动，1100—1500人打扮成弗里达的样子聚集在一起，纪念她的110岁生日，并试图创造一个“同一个地点有最多人打扮成弗里达”的吉尼斯世界纪录。为了符合要求，每个人都必须在头上佩戴花朵，身穿过膝的连衣裙，搭配红色的披肩，并且有一字眉。

早年，她曾打造出一个更加雌雄同体的自己。1924年的家庭相册中，她穿着一身男装，剪短的头发被梳得贴着头皮。她对服装的选择常常反映出她的情绪状态：当里维拉开始和她的妹妹克里斯蒂娜发生婚外情时，弗里达剪短了头发。她的日记中还记录了另一场发生于1939年的婚姻波折：里维拉向她提出离婚，她再次剪短了头发，穿上肥大的裤子和夹克外套——用她自己的话来说，她“去性别化”了。她的形象既多变又诚实。她曾说过：“身体最重要的部位是大脑。至于面部，我喜欢自己的眉毛和眼睛。除此之外，我什么都不喜欢。我的头太小了。我的乳房和生殖器都很平凡。谈到异性，我对胡子和面容感兴趣。”

卡罗之所以钟情于墨西哥传统服饰，一方面是打造一种戏剧化的效果，此外也是将其作为一种个人身份的声明。在卡罗美术馆2012年的展览中，作家卡洛斯·富恩特斯（Carlos Fuentes）称卡罗每次来到墨西哥城的国家美术馆，人还没到，珠宝的叮当声就已经先到了；她的着装总是那么富有仪式感，在传统之外还被赋予了她个人的创意和哲学。1907年，弗里达·卡罗出生于新墨西哥城的科约阿坎（Coyoacán）区，但她常常告诉人们她出生于1910年，墨西哥革命爆发于这一年。选择穿着传统服饰，也证明了这种政治和文化认同对她来说是多么的重要，仿佛深深扎根在她的本性之中。卡罗的大量作品都是自画像，因此她被称为“自拍女王”，但她的画本质上也表达了她对图像、衣着、性格和生活的看法。无论是她在生活中的标志性着装，还是那些自画像中她所穿的衣服，都同样真实而发自本心。

卡罗已经成为一个图腾，被各种各样的粉丝们崇拜，其粉丝之一麦当娜曾说：“她想确立自己的身份，她可以通过衣着做到这一点。她的衣服使她脱颖而出。（她的选择）跟其他人是那么截然不同。”

格林加岛（Gringa）上有些女人模仿我穿成墨西哥人的样子……我可以告诉你，他们看起来一点都不像。但这可不代表着我穿她们的衣服也不像……

——弗里达·卡罗，给朋友的一封信，1933年

↑ 卡罗在绘制《简·怀特夫人的肖像》，1931年

弗里达·卡罗独特的外表和自由的创造力让她成为时尚界不竭的灵感源泉。她在思想、身体和艺术上所展现出的大胆的个人主义精神，一直是设计师们最爱的主题。1938年艾尔莎·夏帕瑞丽（Elsa Schiaparelli）设计“里维拉夫人的裙子”（La Robe Madame Rivera）之后，你可以在无数的时装系列中看见弗里达·卡罗的精神，例如Lacroix 2002高定系列、Gaultier 2004系列和Comme des Garçons 2012系列。

大卫·霍克尼
DAVID HOCKNEY

我的大半生都生活在波希米亚，我希望一生都生活在那里。
但波希米亚早已消亡。

——大卫·霍克尼，《大卫·霍克尼》（2014），导演：兰道尔·莱特（Randall Wright）

在英国版*Vogue*1969年12月刊中，塞西尔·比顿这样介绍大卫·霍克尼："1961年在纽约，他（霍克尼）把头发染成'冰香槟'色，买了副跟自行车轮子一样大的眼镜，第一次为自己打造出这种抓人眼球的造型。"霍克尼出生于1937年，17岁时在英格兰北部家乡的布拉德福德艺术学院读二年级；他创作了一幅自画像，拼贴在一张《伦敦时报》上面。正是这幅自画像，初步展现出了霍克尼造型的精髓：他戴着孩子气的哈利·波特式圆眼镜，身穿一件天空蓝外套，一条黄色领带，斜披着一条斗篷式围巾。尽管在这身造型中还没有出现霍克尼日后那些广为人知的造型元素，比如不配对的袜子、对比强烈的色彩、大胆混搭的条纹和波点、吊带和蝴蝶结领结，但还是可以看出，他的基本风格已然定型。

↑大卫·霍克尼，约1970年

要在寥寥几页纸上描述霍克尼的时尚品位，可能会让他的那些造型听起来很滑稽，因为他真正的着装魅力，来自一种难以言说的轻松和随意。比如一件窗玻璃格子图案的西装，听起来多多少少有点夸张，但他就是能轻松驾驭，穿在身上就如同日常着装般随意。他的轻松自信让整体造型增色不少。随便谁都能身穿糖果粉色条纹衬衫，蓝色波尔卡圆点领带和格纹外套，再配上金灿灿的发色，但要穿出霍克尼的风采，却不一定了。

霍克尼跟西莉亚·波特维尔（Celia Birtwell，英国印花女王）和时装设计师奥西·克拉克关系匪浅。这对夫妻是20世纪60年代末到70年代伦敦时尚界的当红炸子鸡。波特维尔设计出的奇妙印花，至今依然不过时。而克拉克设计的女装，则深深影响了伊夫·圣·洛朗等设计师。1969年，霍克尼在他们的婚礼上担任伴郎。他还给这对夫妇绘制了一幅名为《克拉克夫人和珀西》（*Mrs.Clarke and Percy*）（1970—1971）的肖像作为结婚礼物，这幅画也是霍克尼创作生涯中最重要的作品之一。而在差不多同时期，霍克尼还创作了另一幅同样引人注目且感情丰沛的作品，画中身穿一件费尔岛传统毛衣的奥西，看起来性感绝伦。

1957年，在英国利兹举办的约克郡艺术家群展上，霍克尼以10英镑的价格卖出了一幅父亲的肖像，这是他生平第一次卖出自己的作品。霍克尼当时没指望能卖掉任何东西，他问父亲能不能卖。而父亲的建议是：“你以后再画一幅。把钱收下。”

说起跟时尚界的精英分子交朋友，对霍克尼来说算是家常便饭。伊夫·圣·洛朗就是他艺术作品的狂热爱好者之一。2010年，皮埃尔·贝杰—伊夫·圣·洛朗基金会把第十四场展览献给了大卫·霍克尼用iPhone和iPad创作的《鲜花》（*Fleurs Fraîches*）系列。而在2017年泰特美术馆举办霍克尼大型回顾展时，时装设计师保罗·史密斯（Paul Smith）则在英国版*Vogue*的采访中回忆道：“我的伴侣也曾在皇家艺术学院读书，至今还记得他在毕业典礼上引起了一场骚动，因为他没有穿戴学位帽和学位袍，而是身穿一件金色编织外套，并把头发染成

1961年，我一来到纽约，就意识到这是属于我的地方。这是一座24小时运转不停的城市，而伦敦就不是这样。在这里，你从哪里来根本不重要。我真的太爱这里了，后来我去了洛杉矶，我更爱那里。所以在“摇摆伦敦”时期（指20世纪60年代，伦敦时尚产业正处于受流行青年文化影响蓬勃发展的阶段），我其实大部分时间都在加利福尼亚。

——大卫·霍克尼，《卫报》，2012年1月

→2017年9月，巴黎蓬皮杜艺术中心，大卫·霍克尼在其作品《东约克郡伍德盖特春天的到来》（2011）的揭幕仪式上。霍克尼把这幅由32块画布组成的巨幅画作捐赠给了蓬皮杜，这幅画也出现在随后的霍克尼巡回回顾大展之中

了金色。”

霍克尼和时尚界之间颇有渊源。时尚大师赞德拉·罗德斯（Zandra Rhodes，1940—，英国女性时装设计师，将朋克风格引入时装设计的重要人物）跟他是伦敦皇家艺术学院的同学，她设计那些印着勋章、蝴蝶结和星星的面料，灵感就来自霍克尼。从那时候起，设计师们不仅从霍克尼的作品中获得灵感，同样也会参考他的衣橱。维维安·韦斯特伍德（Vivienne Westwood）就曾设计了一款以大卫·霍克尼命名的夹克，这款夹克在精心缝制之余呈现出艺术化的杂乱感，穿上身后恰好呈现出霍克尼那种不拘小节的着装风格。英国经典老牌Burberry也一直很欣赏霍克尼的魅力，当时的设计师克里斯托弗·贝利（Christopher Bailey）就曾在2013年的“作家与画家”系列中公开向霍克尼致敬。事后，设计师在《卫报》的一次采访中解释道：“我曾在杰明街头看见过大卫·霍克尼，他穿着一身奶油色亚麻西装，上面甩了一道完美的绿色颜料。我太喜欢霍克尼运用色彩的方式了，你根本无法想象那些色彩组合在一起有多么美妙。”

大家都说现在的人穿得没有过去好，但在我的肖像画里所呈现的服装，要比30年前更加多样化。你能看见更多的西装和领带。

——大卫·霍克尼，《据我所知》*Esquire*网络版，2013年6月

Ritva品牌1971年的艺术家系列毛衣由迈克·罗斯（Mike Ross，美国艺术家）和芬兰针织艺术家里特瓦（Ritva）共同设计，参与其中的还有其他几位艺术家，诸如霍克尼、帕特里克·考尔菲尔德（Patrick Caulfield）和艾伦·琼斯（Allen Jones）。其中有一件霍克尼设计的毛衣，衣袖由蓝色和其他颜色的条纹组成，其他部分则是紫色，胸口缝着一块贴布，上面画

着一棵棕榈树、一座小别墅，以及两片漂浮在加州蔚蓝天空中的云朵。这大概是最接近于霍克尼亲自设计的时装单品了，因此伦敦V&A博物馆也收藏了一件。这款毛衣在发售时还搭配一只有机玻璃盒子，在不穿的时候可以用来展示，这也让时装和艺术之间的联系更为紧密。

萨尔瓦多·达利
SALVADOR DALÍ

什么是优雅的女人？是那些虽然会剃除腋毛却
依旧会鄙视男人的女人。

——萨尔瓦多·达利，《萨尔瓦多·达利的秘密生活》，1942年

对萨尔瓦多·达利而言，超现实主义与时尚，二者缺一不可。

在他的身上，幻觉艺术的虚幻观念与夸张夺目的设计师时装，相辅相成又相映成趣。达利在1935年的*Harper's Bazaar*杂志上发表的第一幅插画作品《梦幻时尚》（*Dream Fashions*），就描绘了他心目中“为今夏的佛罗里达之旅提供的梦幻着装建议”。他建议读者选择珊瑚胸衣、玫瑰面具和一双光滑的皮质长筒袜，并表示这些将是海滩上最有趣的时装单品。

无论是艺术还是时尚，达利总是着眼于未来。在1939年1月的*Vogue*杂志上，他撰写了一篇名为《达利的预言》（*Dalí Prophesies*）的文章，并预测说“未来的珠宝都上了发条，可以自行运转，像是精美的机械玩具。手镯在手臂上紧紧缠绕，钻石项链如同河流般在脖颈间流淌，花朵与枝叶的发夹不断开开

→萨尔瓦多·达利站在诺曼底号豪华邮轮的甲板上，纽约市，1936年12月

↑艾尔莎·夏帕瑞丽从达利的作品中获得灵感，设计出这顶鞋子造型的帽子，以及装饰有嘴唇形状贴花的外套，1937年

合合。”

1950年，克里斯蒂安·迪奥请他创作“2045年的时装”，达利画了一条带褶皱的真丝连衣裙，层层薄纱披挂下来，臀部两边各有一个胸部形状的装饰，点缀着精美的银质太阳和人脸肖像。与这条连衣裙相配的还有一根酒红色的天鹅绒手杖和一顶头巾帽，从帽子的前额伸出一根昆虫般的触角。从某种意义上说，这一身精彩的造型与50年后川久保玲的Comme des Garçons在1997年推出的“隆与肿”（Lumps and Bumps）系列有异曲同工之妙。其实迪奥早在1949年就公开表达过对达利的喜爱之情，他创作了一条“达利”晚宴连衣裙，绕脖胸衣和百褶裙摆之上，点缀着黑金相间的织锦树叶印花。那条“2045年”的连衣裙有多浮夸，这一条就有多低调。但二者都有大量细节设计，在这一点上颇具艾尔莎·夏帕瑞丽的风范，而她正是达利在时尚设计界最重要的同伴。

达利建议说，艾尔莎·夏帕瑞丽1937年设计的白色欧根纱龙虾连衣裙应该撒上蛋黄酱，这样看起来才最好；但这位意大利设计师拒绝了。2017年，为了进行亲子鉴定，达利的尸体被重新挖掘出来；他的胡子依然造型完整，如同他生前那样向上翘着。

夏帕瑞丽和达利联手打造了一系列超现实主义的未来感设计，包括1937年的著名龙虾连衣裙和黑色羊毛高跟鞋帽子，以及1938年的丝质视错效果“撕毁”连衣裙。这对设计师和艺术家在未来主义哲学上也惺惺相惜，1932年6月，《纽约客》驻巴黎记者珍妮特·弗兰纳（Janet Flanner）写道：“夏帕瑞丽设计的每条连衣裙，都像一幅当代主义的画作。”达利的理念对她那些充满创意的设计也助力不小。

1904年，达利出生于西班牙加泰罗尼亚地区，1922年，他在马德里开始引起人们的关注。他在圣费尔南多皇家艺术学院学习艺术，直到1926年的时候被学校开除。他刚入校时留着一头长发，总是穿着灯笼裤、真丝短袜和斗篷，拿着一根手杖，大摇大摆地四处游荡。终其一生，达利都坚持一种花里胡哨的装束。

但他在艺术学院学会了利用剪裁考究的西装来表达自己戏剧化的着装理念，同时也学会了使用发油。在他接下来的一生中，他都穿着这一身，看起来像是个英国绅士。他有好几套标志性的西装，从传统的燕尾服，到细条纹的三件套，还有粗花呢。领带和口袋方巾也是必不可少的。与此同时，他蓄着标志性的疯狂小胡子，而且永远都坚持不懈地将其卷翘成一种兴致勃勃的向上弧度。

1934年，当达利和妻子加拉（Gala）第一次造访纽约，他们下船时双双身穿相配的皮草大衣；只不过达利把大衣披在西装外面。他们经常以这样相配的造型出门。比方说，出海时他们会穿同款中性风格的运动阔腿裤。而在位于西班牙卡达克斯的利加特港的农舍度假时，达利最喜欢的休闲装束是一件蓝色和棕色的牛仔衬衫，搭配红色的巴雷提那帽。那是一种看起来像纸袋一样的加泰罗尼亚特色帽子。这就是他所定义的休闲。1960年代，达利开始穿他那件最爱的豹皮外套，并带着他的宠物豹猫巴布（Babou）一同示人。到了1980年代，他就穿上了豹猫皮大衣。

当达利想要在社交场合闪亮登场的时候，他总是干得很漂亮。1934年，社交名媛凯芮丝·克洛斯比（Caresse Crosby）为他举办了一场梦幻舞会（Bal Onirique），舞会上他胸前挂着一只玻璃盒子，里面展示着一副女士胸衣。1936年，他出席伦敦国际超现实艺术展时穿着一身深海潜水服和潜水头盔，一手拿

↑ 身穿橙色亮片龙虾连衣裙的模特，Maison Martin Margiela2014/2015秋冬高定系列发布会，巴黎时装周，2014年7月

我对所有能影响到你决定穿什么的因素都感兴趣。我很喜欢设计师和顾客之间的互动。其中充满了关于生活应该是怎样的，以及如何让一切更好看的想象。这是表达自身感受的一种方式。这也跟艺术有关，关于我现在、此刻的感受。

——伊丽莎白·佩顿，《阿兰·艾尔坎恩访谈》，2014年

(Martin Scorsese)的电影《纯真年代》(*The Age of Innocence*)里拥抱的场景。佩顿以画自己的朋友而著称，她在一次《纽约客》的采访中说："我真的很爱那些我画的人……我很高兴他们存在在这个世界上。"

1965年，佩顿出生于康涅狄格州，定居柏林和纽约后，几乎立刻就融入了时尚界。她的作品很好地把握住了时代精神和审美潮流，而她穿着的衣服也充满了21世纪特有的酷感：难以预测，同时恰到好处。在2003年《女绅士》(*The Gentlewom-*

↑伊丽莎白·佩顿在新博物馆春季盛典上，纽约，2018年4月

an）杂志的访谈中，佩顿提到自己最爱的鞋是Chanel高跟鞋，那是“一双金色镶边的黑色麂皮系带鞋”。年轻时，她把头发剪得短短的；而在最近一次伊内兹和维努德的拍摄中，她的头发留长了点，往后梳成飞机头，搭配了一件皮夹克。《纽约时报》评论员肯·约翰逊（Ken Johnson）称“她跻身进一个拥有极度特权的艺术家小圈子”，然而她的衣橱里却并没有塞满奢侈品大牌。就跟她的作品一样，无论是穿上Dries Van Noten的华服，还是胡乱套着褪色牛仔裤和开衫毛衣，她只是搜集自己热爱的东西罢了。

佩顿痴迷于欧洲的君主。她胳膊上有一个拿破仑帝国之鹰的标志，图案来自枫丹白露一家酒店的文具。
小时候，佩顿学会了用左手作画，因为她的右手生来就只有大拇指和食指。

佩顿作品中流畅的现代性自有一种时尚气质，同时也正迎合了时尚对不断回溯过往风格的特性。马克·雅可布和索菲亚·科波拉（Sofia Coppola）都是她的铁杆粉丝，同时佩顿的作品也深受科波拉作品《处女之死》（*Virgin Suicides*）所开创的复古美学的影响，这位艺术家和马克·雅可布都非常喜爱这部影片。而马克·雅可布对佩顿表达倾慕之情的方式，除了收藏她的作品，还有在2013年的度假系列中设计了一件佩顿运动衫，在衣服上印着这位画家笔下自己年轻时的模样。而佩顿也曾无数次描绘马克·雅可布。他们之间的互相喜爱早已尽人皆知。2008年，佩顿说自己把马克·雅可布视为志同道合之辈：“马克所经受过的那些苦痛，都让他得以更好地创作。他就像一个真正的艺术家。”相对应地，人们也常常认为佩顿笔下充满激情的漂亮线条，也与时装插画有异曲同工之妙。

她与比利时设计师德赖斯·范·诺顿（Dries Van Noten）之间的友情同样颇有“实效”。她时常穿着他设计的时装，说这些衣服“充满了灵感和诚意”，当然，她也画过这位设计师。2017年，他曾说起佩顿2001年创作的艾尔·戈尔（Al Gore）肖像画《民主党人更美丽》（*Democrats Are More Beautiful*），那是他2009年春夏男装系列的“灵感起源”，让他想到“在衬衫上装点精致的糖果色条纹，营造一种清新而保守的校园风”。2008年，当德赖斯·范·诺顿获得时装委员会时尚艺术大奖时，在Cipriani酒店颁奖现场坐在他身边的正是他最好的朋友伊丽莎白·佩顿。

佩顿选择绘画的对象和选择衣装一样谨慎。1993年，她在切尔西酒店第一次举办画展，展出的是一系列历史人物的肖像，其中包括拿破仑和路德维希二世。在艺术界看来，她所选择的创作主题过于晦涩，艺术风格也传统过时。但这却恰好与当时时尚界所流行的风气不谋而合：关注时尚圈以外的人，营造具有讽刺意味的过时风格。在佩顿的笔下，那些人物都被打造成英国流行乐手的样子：瘦削，格格不入，有点阴柔。那正是后垃圾摇滚盛行的时候，时尚杂志里充斥着瘦得不成样的男孩女孩。正如卡尔文·汤姆金斯（Calvin Tomkins）2006年在《纽约客》中写的那样，“她早期作品中那种雌雄莫辨的气质，正是源自其诞生的时代。那些骨瘦如柴的摇滚青年，画着烟熏妆，穿着紧身衣，在艺术世界中扮演着跨性别表演艺术家的角色”。

现在佩顿的着装风格更加中性化和容易理解：大多数时候穿一身黑，在隆重的场合也会盛装打扮。2018年纽约Cipriani酒店新美术馆庆典上，她穿着一件橘色绸缎晚礼服，搭配一条光彩夺目的长毛皮草马甲。在2016年一场名为《速度、力量、时间与心率》（以跑步机上各项指标来命名）的展览上，她展出了一件关于大卫·鲍伊的新作品，取材自艺术家在这位音乐巨星去世后观看的相关视频。这完全在情理之中，大卫·鲍伊这样一位对流行文化影响深远的人，深深打动了伊丽莎白·佩顿。不管是艺术创作还是着装风格，佩顿都重新想象着自己身边的世界。

↑伊丽莎白·佩顿在新博物馆展览《永远活着：伊丽莎白·佩顿》的现场，纽约，2008年

罗伯特·马普雷索普 ROBERT MAPPLETHORPE

成为一名艺术家的全部意义，在于了解你自己。
我认为，照片远远没有生命本身重要。

——罗伯特·马普雷索普，《罗伯特·马普雷索普：凝视照片》，2016

罗伯特·马普雷索普的美貌与时髦潇洒的气质，总是轻而易举就能吸引他的同道中人以及时装设计师们。1946年，罗伯特·马普雷索普出生于纽约皇后区，作为一名摄影师，他用相机捕捉和展示生活中幽深而边缘的一面：他拍摄同性恋的性爱，同时也拍摄盛开的百合花的曲线。在《名利场》的一次采访中，安迪·沃霍尔所创办*Interview*杂志的首席编辑鲍勃·科拉塞洛（Bob Colacello）说，1971年他第一次遇见罗伯特·马普雷索普，后者当时穿着“黑色系腰带风衣，脖子上围着一条紫白色的丝巾，满头如同前拉斐尔画派笔下天使般的卷发……容貌美丽，气质却刚强，有种雌雄同体的气质。”

马普雷索普的身上充满了这种反差。他很害羞，但是喜欢参加派对；他成长在一个虔诚的天主教家庭之中，但却喜欢混迹于各种臭名昭著的夜店，比如矿井（Mineshaft）和厕所

→罗伯特·马普雷索普，纽约，约1969年

(Toilet)。他经常穿二手商店买来的衣服，包括旧水手帽和维多利亚时代的外套，但也经常跟国际一流设计师们来往，用他们的设计作品跟自己的二手单品混搭在一起。马普雷索普的朋友，大卫·克罗兰（David Croland）回忆说，“1971年11月4日，罗伯特在巴黎过生日，伊夫·圣·洛朗和皮埃尔·贝热先带罗伯特去吃饭，然后去左岸精品店，让他在店里随便挑选。他选了一件简单的黑色衬衫。他说这是店里最便宜的东西，但那正是他想要的……罗伯特学到很多关于欧洲风格和时尚的知识。他总是能展现真正的优雅。”

在《罗伯特·马普雷索普：照片》（*Robert Mapplethorpe：Photographs*）一书中，作者保罗·马蒂诺（Paul Martineau）描述了这位艺术家在普拉特学院（Pratt Institute）学习期间的新人作品。1963年到1969年之间，马普雷索普在那里学习，创作了一系列时装雕塑作品，包括一条里面塞满了袜子的牛仔裤，其中还设置了电路，可以营造出勃起的效果。另一件早期作品《无题（蓝色内裤）》[*Untitled(Blue Underwear)*]，则是一条撑在木制框架上的内裤，并在1970年切尔西酒店他的首次个展“作为艺术的时装”（*Clothing as Art*）中展出。这条来自马普雷索普的内裤，就这样堂而皇之地在众目睽睽之下被翻了个底朝天。

马普雷索普是一名狂热的彩色玻璃收藏家。在1985年*Vogue*的一次访谈中，他说：“1977年，我开始创作花卉的静物摄影；从那时起，我开始对当代玻璃制品产生了兴趣，特别是来自意大利和斯堪的纳维亚地区的。我开始收藏花瓶，因为我当时在研究花卉，需要一些东西来插花。”

在这个时期，他总是用手边能找到的东西来创作。马普雷索普也创作珠宝，使用的材料是真丝编织的绳索、彩色玻璃串珠和羽毛，还有装饰有头骨的皮革和蕾丝颈链。购买他这些设计的主顾包括马克西姆·德·拉·法莱塞（Maxime de la Falaise），后者曾邀请他去她女儿卢·德·拉·法莱塞在曼哈顿的家里参加茶话会。而众所周知，卢·德·拉·法莱塞是伊夫·圣·洛朗的缪斯女神，而她的朋友包括艾尔莎·夏帕瑞丽的孙女玛丽莎·贝伦森（Marisa Berenson）。罗伯特会带着自己设计的项链和饰物让他们买，据说每件售价50美元，颇受欢迎。帕蒂·史密斯（Patti Smith）曾写道，1969年在她的23岁生日

> 关于罗伯特的故事已经说过不少了，以后也还会再说。小伙子们会学他的步态。姑娘们会穿起白裙，悼念他的卷发。他会被谴责，被崇敬。他不羁的行为会被指责或被浪漫化。最后，真相将在他的作品中——在艺术家有形的身体里——被发现。它不会消散。人类无法评判它。因为艺术是赞美上帝的，并终将属于上帝。
>
> ——帕蒂·史密斯，《只是孩子》，2011年

派对上，马普雷索普给她做了一个“装饰有圣母玛利亚画像的领带架”。到了20世纪70年代晚期，马普雷索普才拥有了第一台相机，并开始定期拍摄，将自己的照片融入拼贴和混合媒体作品中。

1985年3月在美国版*Vogue*的一次采访中，马普雷索普说，“肖像照所呈现的，一部分是拍摄对象，一部分是我自己。它是两者的结合。”他开始给自己身处其中的时尚圈拍照：伊夫·圣·洛朗、卡尔·拉格斐，以及奥西·克拉克都是他的拍摄对象；此外还有城中的时尚弄潮儿们，包括买手店Dianne B和Comme des Garçons精品店的老板戴安·本森（Dianne Benson）。在马普雷索普的肖像摄影中，服装以及服装所展现出的人物性格至关重要。比如在本森的肖像照中，她的刘海被吹得格外蓬松，身穿一件华丽的Jean-Charles de Castelbajac夹克外套，上面装饰着花鸟贴布，典型的20世纪80年代风格。1984年拍摄的卡尔·拉格斐的肖像摄影中，他梳着标志性的马尾，身穿剪裁贴身的夹克外套，这一身后来成为他最具有标志性的造型。同年，马普雷索普还为格雷斯·琼斯（Grace Jones）拍摄

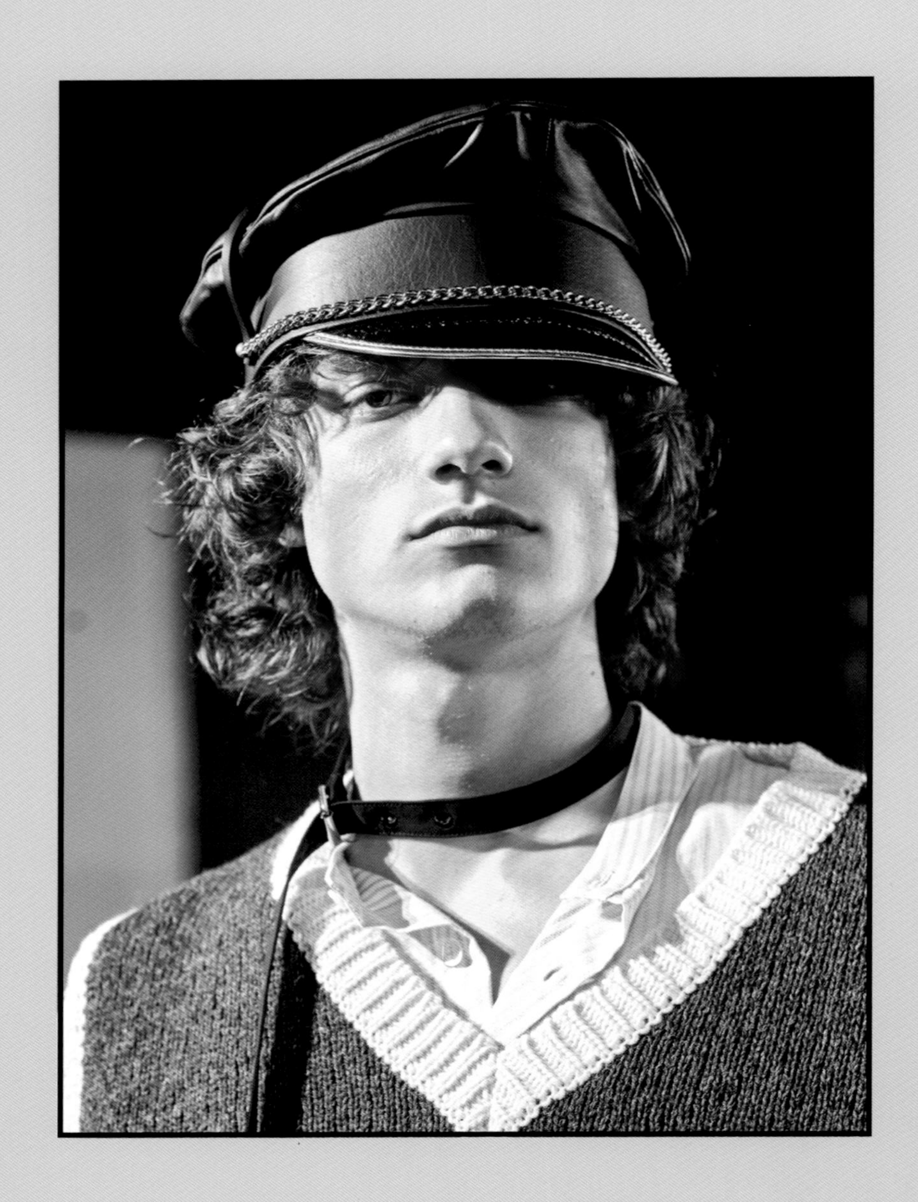

↑ Raf Simons 2016秋冬男装系列发布会的后台，意大利佛罗伦萨，2016年6月。这是拉夫·西蒙（Raf Simons）和罗伯特·马普雷索普基金会的合作系列，最大的特点在于长相相似的模特头戴马普雷索普标志性的皮帽，而衣服上也装饰着从马普雷索普档案馆中选取的图像

了一组令人叹为观止的肖像，她的身体上覆盖着凯斯·哈林（Keith Haring）创作的涂鸦。他在1974年创作的一张微笑自拍，在20世纪90年代被Helmut Lang用作广告大片，此外，Helmut Lang还用了一张马普雷索普在1982年拍摄的艺术家路易丝·布尔乔亚的肖像照。

山姆·瓦格斯塔夫（Sam Wagstaff）——这位收藏家后来成了马普索普的伴侣——于1972年首次拜访艺术家的工作室，“他看见了这样一件作品：一件黑色的摩托夹克，口袋里放着一盘正在播放的色情电影录音磁带；旁边挂着一条皮裤，裤子拉链里伸出一根棍子面包。”

——保罗·马蒂诺，《罗伯特·马普雷索普：照片》，1977年

作为一个年轻人，马普雷索普自己的着装时常混搭了皮夹克、帽子和牛仔裤，以及一些波希米亚风格的软呢帽、围脖和喇叭裤。他会穿腰部打结的宽松衬衫，搭配他自己做的护身符项链、齐膝鹿皮靴、背心、天鹅绒长裤和军帽。偶尔以较为成熟的成功艺术家身份出现时他会穿正式的衬衫、领带和晚礼服。感染艾滋病之后，他的手里经常会把玩一根有头骨装饰的手杖。1980年，他创作了两张著名的自画像，其中一张他化着妆，另一张是素颜。

标志性造型：发型

接下来你将看到这些艺术家的发型，几乎跟他们的作品一样，是一种重要的表达方式。南·戈丁的摄影作品充满了挑衅和对抗，而她的那头狂野的、乱蓬蓬的红色卷发也同样传递出对世俗的蔑视和反叛。芭芭拉·克鲁格在创作中选择的字体粗犷而醒目，正如她那头茂盛的卷发般理直气壮。伊娃·海丝与其作品中的联系则更加直观，比如她的作品《无题·绳》（*Untitled Rope*）（1970），就如同她那条光洁无瑕的长辫一样，展现出一种与生俱来的敏感性。同样的，草间弥生所创作出那些浓烈的作品，就跟她那些艳丽的、充满迷幻感的假发一样吸引人。

草间弥生YAYOI KUSAMA

20世纪60年代的纽约，来自日本的概念艺术家草间弥生以叛逆者的姿态一鸣惊人，其中最为人所知的是她的装置作品。1969年，她和卡伦·卡朋特在纽约中央公园的绵羊草地上进行行为艺术表演。在其中的一张照片里，草间弥生身穿标志性的波点比基尼，披着一头深色长直发。1967年，纽约伍德斯托克艺术家村偶发艺术《草间的自我消融》（*Horse Play*）现场，草间身穿一条波点连衣裙，身边是一匹同样装饰有波点的小马，嬉皮士风格的长发上戴着一顶宽檐帽。作为一位政治活动家，草间致力于传播反战理念；而作为一位风格偶像，她也曾推出了草间时尚品牌Kusama。这一品牌的衣服曾打入过布鲁明代尔

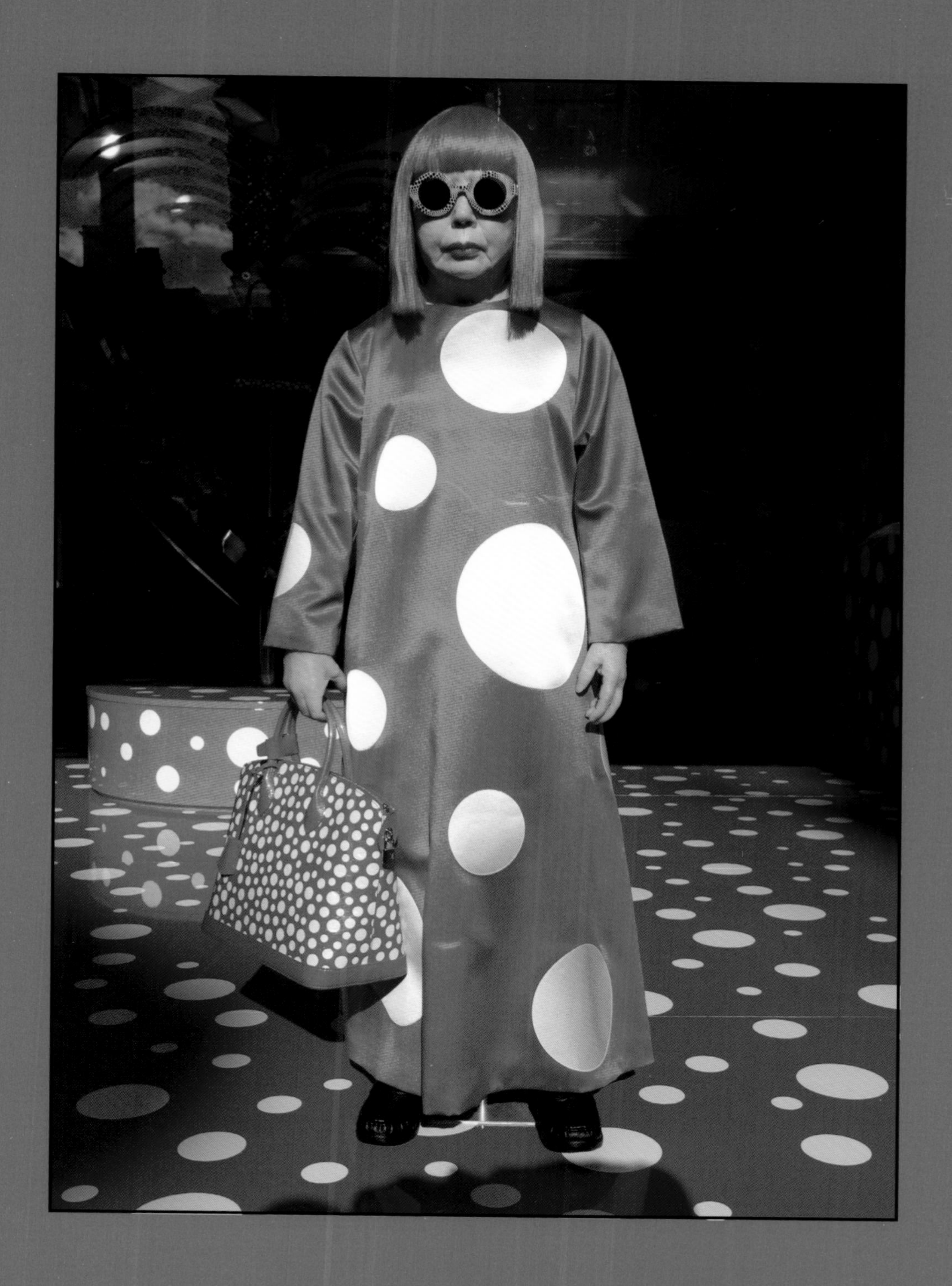

↑草间弥生在塞尔福里奇百货公司的橱窗前，伦敦，2012年

百货商场，其间充满了先锋的细节，比如胸前和背后的镂空设计。而到了21世纪，她早已跻身最重要的时尚缪斯之列。80多岁的她头发还变换着各种醒目的颜色，从泡泡糖粉色到钴蓝色、橙色和番茄红色。而这些都源自一顶顶波波头假发。当然，她的衣服上依然遍布最爱的波点图案。2012年，当时在Louis Vuitton任职的马克·雅可布与草间弥生合作，在她的标志性风格中注入巴黎时尚的魅力，利用其标志性的波点，推出了一系列真丝连衣裙、手袋、鞋履和外套。

南·戈丁NAN GOLDIN

摄影师南·戈丁满头的卷发，充满了20世纪70年代的风情。她的卷发通常是赤褐色的，但有时也呈现出氧化后的香蕉皮的黄色。这样的头发对其他人来说可能有些邋遢，但在戈丁身上却显得那样完美，就像她用镜头所记录下的丰富多彩的画面，她所呈现出的视觉形象虽然远远不是完美无瑕的，但却令人心折。1982年，摄影师尼尔·威诺克（Neil Winokur）为她创作了一张个人肖像：戈丁身穿一件棉布格子连衣裙，佩戴着珍珠耳环和成套的珍珠项链。那头栗色的卷发松松地扎成一个马尾，看起来比当时29岁的年纪要小很多。在此之后她创作了几幅自拍肖像，看起来与这一幅截然不同。在1984年的《被殴打一个月之后的南》（*Nan One Month after Being Battered*）中，戈丁展现出自己被家暴后充满淤血

↑南·戈丁在她的个展《邮件待领》（*Poste Restante*）上，柏林，2009年10月

波表示，沃霍尔是其“重要的灵感来源和支持者”。

1966年至1967年，受沃霍尔的金汤宝罐头系列启发，这家食品制造商推出了一件丝网印刷纸做成的波普艺术连衣裙。这些“汤罐头”连衣裙当时售价一美元，外加两个罐头包装，而

> 我有工作服。跟我平时穿的衣服一样，只不过上面有颜料。我有工作鞋、工作衬衫、工作夹克、工作领带和工作罩衫。有一件很棒的罩衫，是从Henri Bendel百货买的。我还有木匠围裙。还有工作手帕。
>
> ——安迪·沃霍尔，与格伦·奥布莱恩（Glenn O'Brien）的交谈，*Interview*杂志，1977年6月

现在早已经是收藏品。从那时起，这些标志性的印花就开始在时装设计之中不断被原样沿用或重新设计。2016年，山本耀司在Y-3的T恤和手袋上装点上山本风格的罐头印花；而在Dolce&Gabbana 2018春系列的半身裙上，则是设计师自己创造的“Amore”汤罐头印花。以后波普风格著称的品牌Rodnik Band，其设计师菲利普·科尔伯特（Philip Colbert）更是被时尚评论家安德烈·莱昂·塔利（André Leon Talley）称为“安迪·沃霍尔的教子”；他在2011年推出了一款镶亮片的经典版本“汤罐头”连衣裙；1984年，名模伊娜·德·拉·弗拉桑热（Inès de la Fressange），身穿一条让·查尔斯·德·卡斯特尔巴亚克（Jean-Charles de Castelbajac）设计的欧根纱版本“汤罐头”连衣裙走上T台。在1977年的一次采访中，沃霍尔告诉格伦·奥布莱恩，金汤宝罐头是他最喜爱的一件作品。

然而，深受时尚界青睐的远不止他的汤罐头印花。詹尼·范思哲（Gianni Versace）从1991年开始推出以沃霍尔的波普印花为主题的水晶镶嵌时装单品，可以说是用时装设计的方式将沃霍尔的风格展现得淋漓尽致；而范思哲本人也认为自己与这位艺术家志趣相投。2017年，正在执掌Calvin Klein的拉夫·西

蒙，宣布了一项与沃霍尔基金会之间为期两年的合作计划，这项计划让他可以在Klein的所有系列中使用艺术家的存档作品。“沃霍尔的才华远远不止于那些欢乐的金汤宝罐头印花。”拉夫·西蒙表示，“他抓住了美式生活的方方面面，包括一些阴暗面。在沃霍尔的作品中，你能找到关于这个国家最多的真相。”

路易丝·布尔乔亚
LOUISE BOURGEOIS

路易丝是法国人，因此她知道如何做一名女人，
知道如何恰到好处地使用唇膏。这几乎是一种天性，
她的各种感知都是那么精准，因此总是可以按照意愿展现自己的风姿。

——海尔姆特·朗（Helmut Lang），《亲爱的路易丝》，由南希·斯佩罗（Nancy Spero）和海尔姆特·朗撰文，*Tate Etc.*杂志，2007年秋季刊

路易丝·布尔乔亚喜欢穿引人注目的衣服来展现自己的态度。1982年，在一次罗伯特·马普雷索普的拍摄中，她身穿一件摇滚风格的深色猴皮夹克，胳膊下夹着一件自己的作品《含苞待放》（*Fillette*）作为配饰——那是一根包裹着乳胶的石膏男性生殖器。马普雷索普将那次的拍摄经历称为"超现实"："你没办法怎么摆布她。她就是那样的。"在2008年《卫报》一次关于那个拍摄的采访中，布尔乔亚说："人们好像非常喜欢那组照片，因为他们觉得罗伯特和我都很'淘气'。"2009年，荷兰摄影师亚历克斯·范·盖尔德（Alex Van Gelder）为她拍摄了一组肖像；在那张著名的肖像中，她身穿一件蚕茧般奢华无比的白色皮草夹克，头戴一顶黑色的无檐小便帽。自从20世纪40年代开始，摄影师和艺术家就因为对非洲艺术的共同爱好，而成为至交好友。他声称，布尔乔亚想找他拍摄，是因为他"性

→路易丝·布尔乔亚与其大理石雕塑作品《眼对眼》（*Eye to Eye*），1970年

川久保玲并不是唯一在观念上与布尔乔亚不谋而合的设计师。布尔乔亚还是奥地利设计师海尔姆特·朗的至交好友，后者承认自己对布尔乔亚感受到一种“强烈的、无条件的情感联系”。在2003年，他们合作推出了一款限量版T恤，名为“这首歌是什么形状的？”（What Is the Shape of This Song?）海尔姆特·朗还在一场时装发布会上再现了布尔乔亚20世纪40年代的作品“枷锁项链”（Shackle Necklace），并曾在广告大片中使用布尔乔亚的形象。1998年，两人与Jenny Holzer合作，在维也纳艺术馆（Vienna Kunsthalle）举办了一场展览。2007年，朗说：“当我遇见她的时候，她就已经足不出户了。这样她就可以成天穿着最舒服的衣服，像是有六个口袋的长袖T恤。她喜欢把奢华的衣服留到特殊的场合再穿，像是拍摄，或是和在乎的人在一起。”这也与杰里·戈罗维在《卫报》上发表的观察不谋而合。“1990年代的某段时间，她每天基本都穿同样的衣

如果路易丝·布尔乔亚不喜欢某个人衣服的颜色，她一定会说出来。

——杰里·戈罗维，《卫报》，2016年

服。总是黑色的，像是制服。但当我回顾过去的照片，20世纪80年代我第一次遇见她的时候，她穿得截然不同。当时她有特别喜欢的颜色：蓝色，白色，粉色。”

2017年，设计师西蒙娜·罗莎（Simone Rocha）在纽约开店，在最醒目的位置挂上了一幅布尔乔亚的画作。Rocha 2015秋冬系列的灵感就来自这位艺术家。她解释道：“我太喜欢她的作品，以及这些作品中的私人视角了。而且其中很多都以织物面料为主体；但我喜欢所有的材料——大理石、木材、玻璃，以及材质之间的冲突对比。”除了织物装置之外，布尔乔亚为时装设计界带来的灵感还体现在珠宝设计上。她著名的蜘蛛形象

←路易斯布尔乔亚，纽约，1996年3月

曾被设计为胸针，在伦敦Hauser & Wirth画廊的“便携式艺术项目”（Portable Art Project）中展出。展览由西莉亚·福纳（Celia Forner）担任策展，其中同样也展出了艺术家设计的金银质地螺旋手镯。

凡妮莎·碧考芙 VANESSA BEECROFT

在她的表演艺术中，时尚非常重要；她根据自己意愿驱使时尚为之服务。时尚不是Logo、趋势或地位的象征，时尚单品被她用来勾勒女性的躯体，表达在其表演艺术背后的观念。

——弗兰卡·索萨妮（Franca Sozzani），《观察家》（英国），2005年3月

尽管她抗拒流行文化并声称“不懂时尚”，意大利行为艺术家凡妮莎·碧考芙也许是21世纪最时髦的艺术家之一。她与时尚界诸多金光闪闪的品牌合作，其中包括Prada、Dolce & Gabbana和Manolo Blahnik。显然，她太知道如何让这些品牌对自己倍加珍惜。2016年9月，碧考芙和意大利时装屋Valentino合作设计其代表性的铆钉高跟鞋，她表示：“我喜欢Valentino现在的设计，非常纯粹；利用传统的技艺，展现出关于当下和未来的视野。”在发表关于时尚的言论时，她都非常谨慎；而时尚对她的艺术形式来说也非常重要。2001年2月维也纳美术馆的表演艺术作品VB45中，表演的一队亚马孙部落女战士赤身露体，每人只穿了一双Helmut Lang的超长皮靴。

1969年出生于热那亚的凡妮莎·碧考芙，带有一种20世纪90年代欧洲式的朴素审美，就像那个时代Margiela和Helmut

↑ VB60，凡妮莎·碧考芙，首尔，2007年2月

雷夫·波维瑞
LEIGH BOWERY

艺术，可以是任何能打动我们的东西，或者以已故表演艺术家、时装设计师、音乐家和伟大的视觉魔术师雷夫·波维瑞为例，艺术可以是任何移动的东西。

——乔治男孩，*Paper*，2005年1月

时尚和创意，以一种激动人心的方式在雷夫·波维瑞身上合二为一。他是一位表演艺术家，同时也是设计师、夜店老板，以及演唱会前排狂热乐迷。他于1961年出生在澳大利亚一个名叫“阳光”的社区，从14岁开始迷恋时尚，当时他刚接受了一场手术，妈妈教他如何编织毛线来打发时间。他在墨尔本技术学院学习设计，随后在1980年19岁的他前往了伦敦。在那里，他会实现自己独特的梦想，同时激励着其他人也展现真实的自我。

波维瑞开始为了出门而自制服装，因此他获得了人们的注意，很快成为当时新浪漫主义地下夜生活的一部分。就算在这种环境中，装扮成修女、海盗、18世纪高级妓女或是狂野的西部牛仔都毫不稀奇，他还是决定要与众不同。1985年，波维瑞开了一家夜店“禁忌”（Taboo），鼓励顾客们随心所欲地打扮；而

→雷夫·波维瑞身穿自己设计制作的服装，伦敦，1980年

的夸张廓形和巨大红唇，同样也在致敬波维瑞。同年，Maison Martin Margiela秀场上头套丝袜的模特，也是波维瑞的经典造型。1993年，就在波维瑞死于艾滋病并发症之前，安妮·莱博维茨（Annie Leibovitz）为他进行了一次拍摄，照片中他身穿一件精彩绝伦的马蹄足S&M紧身衣，而这一经典形象在2007年化作了Gareth Pugh的一条黑色乳胶全包裹紧身衣。除此之外，近年来还有更多向他致敬的作品。2015年5月，作为Prada基金会永久展览空间的米兰北方画廊展出了一件波维瑞的动态肖像。2016年夏天，Rick Owens秀场上引起轰动一时的“人体背包”，也来自波维瑞的“出生现场”，而模特身上的挂绳，更是完全复制了当年尼古拉·贝特曼身上的挂绳。瑞克·欧文斯在*Dazed*电子版的一次采访中提到，这个概念“既大逆不道，又甜蜜迷人”。

凯斯·哈林
KEITH HARING

如果商业化意味着把我的作品印在T恤上，
这样花不起30000美元买我作品的孩子们都可以买一件，那我很赞同商业化。

——凯斯·哈林，《洛杉矶时报》，1990年2月

凯斯·哈林留给世界的艺术遗产，关于爱与热情：他证明了一个人可以又酷又善良。著名唱片制作人尊尼·瓦斯奎兹（Junior Vasquez）说："凯斯是街头文化的产物。街头文化是什么样的，他就是什么样的。"哈林是20世纪80年代早期纽约夜店文化传奇的重要人物，同时也是安迪·沃霍尔和让·米歇尔·巴斯奎特的至交好友。他还是同性恋权益的倡导者，他帮助艾滋病患者、反对毒品、支持尼尔森·曼德拉，并维护世界各地的孩子们。1986年，他被邀请去在柏林墙上作画。直到今天，凯斯·哈林基金会依然通过艺术授权，资助这些艺术家当年就很关心的议题。

虽然他的艺术造诣很早就受到了大众的认可，他的衣橱却给他带来了麻烦，比如，巴黎丽兹大酒店就对他的衣服和鞋子感到棘手万分。1989年，他从意大利来到法国，受委托在巴黎

→凯斯·哈林在Pop Shop的开幕式上，纽约，1986年

Stroh's
BEER
R.A.C.

创作一件壁画，但当他入住丽兹时，酒店禁止他进入餐厅，因为他“连一双合适的鞋子都没有”，只愿意穿着高帮帆布鞋；此外，酒店还“一直指责”他穿短裤出没于酒店大堂。时至今日，哈林的街头风格穿着已经无所不在：帆布鞋被拿来搭配大牌设计师单品，而他最爱的黑红配色Air Jordan 1s或是高帮的耐克Delta Force（配有原装鞋盒）甚至可以当作艺术品放在玻璃陈列柜里展示。1982年，艺术商人托尼·沙夫拉齐（Tony Shafrazi）在纽约默瑟街的画廊里为哈林举办了他的第一场个展，并且立刻注意到了这位艺术家的着装理念：“从一开始，凯斯就呈现出了非常独特的样子……在20多岁的年纪，他就比同时代的人领先了20年。他是真正的时代潮流领导者。”

1958年，哈林出生于宾夕法尼亚州。20世纪80年代，他出没于纽约西村的天堂车库俱乐部，沉浸在这座具有划时代意义的迪斯科舞厅及其“周六夜晚的混乱气氛”中。1997年，在《名利场》的一篇专题报道中，夜店传奇人物翰尼·戴内尔约（Johnny Dynell）解释了哈林是如何“成为天堂车库俱乐部的官方艺术家”的：“他设计T恤，组织派对，制作我们总想要收藏的请柬。天堂车库俱乐部丰沛的能量滋养了哈林的创造力。”哈林的装扮总是独一无二，总是戴着一副标志性的极客风格眼镜，是由他的好友艺术家肯尼·沙佛（Kenny Scharf）亲自为他量身打造的。乍一看，他们似乎跟哈林所创造出的那种尽情享乐的派对氛围格格不入，但其实他的时尚品位真实地反映了他的个性，因为通常灵感来自他在作画时听的嘻哈歌曲。他热爱音乐，还会给朋友们的唱片设计封面，包括Run-D.M.C的单曲*Christmas in Hollis*。这件作品后来还出现在一款限量版的阿迪达斯Superstar鞋舌上面。

哈林青少年时代最爱的乐队是感恩而死（the grateful dead），他的笔记本里满满都是关于这支乐队的事情。他也是猴子乐队戴维·琼斯（Davy Jones）的铁杆粉丝，还用这位歌星的照片创作过拼贴。

尽管他穿街头时装，但从来不落俗套，而且搭配的眼镜也恰到好处。除了棒球帽、帆布鞋和涂鸦牛仔裤，哈林还会根据自己的心情搭配不同的单品，像是打补丁的校服外套、亮色缎面短夹克，袖子总是高高卷起；还有自行车帽、迪士尼T恤、背

> 很多人都想变酷，并认为只要是流行的东西，就一定会很快售罄，或具有一定危险性。那他们就需要寻找一些没那么流行，但依然很酷的东西。我不认为这二者之间有什么冲突。
>
> ——凯斯·哈林，*Interview*杂志，1984年12月

心和串珠项链。1989年，哈林受邀为格蕾丝王妃妇产科医院创作一幅壁画，之后在会见摩纳哥的卡罗琳公主时，他穿上了一身蓝色细条纹的阿玛尼西装，佩戴了同款领带。尽管这一身是定制西装，但他还是搭配了一双亮闪闪的白色高帮耐克球鞋。

哈林的才华吸引了马尔科姆·麦克道威尔（Malcolm McClaren）和维维安·韦斯特伍德这样的设计师。1983年，他们找他合作秋季的时装。哈林在时装上加上了小人、狗和孩子的荧光图案。这些时装也融入了来自哈林那个嘻哈音乐世界的元素：运动球衣的面料被做成了裙子、夹克和套头卫衣；三个鞋舌的运动鞋和棒球帽，进一步丰富这种豪华街头着装风格。据说韦斯特伍德认为哈林创作的图形像是魔法标记和象形文字，因此把这一系列命名为“女巫”。这一季时装在巴黎发布时，背景音乐则是说唱。

这绝对不是时装设计师最后一次向哈林的独特风格伸出橄榄枝。恰恰相反，时尚界时不时地就会向这位艺术家的作品和风格致以敬意。1988年秋天，他为好友斯蒂芬·斯普劳斯（Stephen Sprouse）的签名珍藏系列创作了标志性的空心图案。Comme des Garçons也推出过印有哈林图案的羊绒毛衣。Tommy Hilfiger曾与他合作，为法国买手店Colette设计运动鞋和威灵顿长筒靴。Reebk和Jeremy Scott都推出过哈林系列

运动鞋，而Coach 2018春夏系列则完全是在向哈林致敬，这一系列包括毛衣、连衣裙、夹克和手袋，上面布满了哈林的标志性作品。

1986年，哈林开设了自己的精品店Pop Shop，以便让尽可能多的人可以接触到他的艺术周边。徽章、印花T恤、卫衣和贴纸都卖得非常好。尽管这家店于2005年停业，其代表的平民时尚理想却没有消亡，而哈林的奇思妙想至今依然影响深远。他那些精妙的涂鸦绘画无处不在：在T台上，在商店里，从优衣库这种日本品牌，到Joyrich和Obey这种街头品牌，都和哈林基金会合作，用各种富有创意的方式把哈林的作品呈现在自己的产品之中。而这正是哈林本人乐意看到的。每次只要有人请他签名，他都会答应。他为设计师让-夏尔·德·卡斯泰尔巴雅

我接到一通电话，来自一家代表涤纶产业的公司。这肯定意味着有一场媒体活动，目的是让涤纶回到人们的生活中。

——凯斯·哈林，*Interview*杂志，1984年12月

克（Jean-Charles de Castelbajac）绘制花瓶，也为孩子们画帽子；他免费放送“发光的小人”徽章。在2009年《滚石》杂志的一次采访中，他的朋友麦当娜说她有一件“凯斯·哈林绘制的皮夹克，我永远不会丢掉”。在1984年天堂车库的侧拍花絮中，她就穿着这件皮夹克。

哈林最深度的一次时尚跨界合作，是与歌手葛蕾丝·琼斯（Grace Jones），而他也是后者的歌迷。他说：“当我看着她的时候，我觉得她的身体是一块无尽的画布。”于是，哈林选择在她的身上作画。1984年，安迪·沃霍尔把他们二人介绍给摄影师罗伯特·马普雷索普，并邀请他拍摄这次超凡绝伦的作品。随后，1986年哈林与琼斯一同创作了单曲*I'm Not Perfect, But*

*I'm Perfect for You*的音乐录影带。你可以在其中看见哈林以加快的速度，用标志性涂鸦填满一块直径六十英尺的圆形白布，随后这块布化作一条巨大的波涛汹涌的裙子，穿在了琼斯的身上。这一刻，完美结合了艺术、时尚、视觉奇观、音乐和趣味——这些正是哈林本人最突出的特质。

↑ 凯斯·哈林的时装单品，纽约，20世纪80年代中期

标志性造型：眼镜

对于这些艺术家来说，他们的眼镜并不是随意选择的搭配单品，而是他们作品风格的有力证明。麦昆直白的画风中透露出一点知识分子的气质，他所关注的主要是奴隶制和移民劳工这种严肃议题。阿维登见证了20世纪60年代的时尚潮流，他那副潇洒文雅的眼镜与他完美的艺术摄影作品相得益彰，在他的镜头中，不乏中国·玛查朵（China Machado）和维鲁舒卡（Veruschka）等不同寻常的超模。小野洋子与流行文化之间的关系密不可分，而村上隆更是与诸多时尚设计师密切合作，这两位的眼镜都展现出艺术家时髦当代的风格。

史蒂夫·麦昆Steve McQueen

这位英国艺术家和电影导演曾在玛莎百货做过兼职，直到1995年有人让他“拿了很多钱做一部电影”。这笔钱花得相当值得。1999年，他凭借着黑白影像作品《不动声色》（*Deadpan*）获得英国当代艺术最高奖项特纳奖；这是一部向默片巨星巴斯特·基顿（Buster Keaton）致敬的作品。随后，他又凭借2013年电影《为奴十二年》（*12 Years a Slave*）获得了奥斯卡奖和英国电影学院奖。在伦敦上学期间，他一直

夫·麦昆出席多伦多国际电影节，2011年9月

戴着眼罩；但现在，他以一副极客风格的黑框眼镜以及休闲又潇洒的着装风格而闻名。2017年，爱德华·恩宁弗尔（Edward Enninful）邀请他担任英国版*Vogue*的客座编辑，他为杂志的时装版面风格带来了严肃性和思考性。尽管他在红毯上看起来总是风度翩翩，但繁重的艺术创作和电影导演工作，没有给他留出太多精力去关注时尚。"对我来说，这只是工作的一部分。我只能这么做。"他在2014年《卫报》的采访中这么说。在《为奴十二年》之后，他的作品还包括2014年的影像作品《灰烬》（*Ashes*），讲的是一个在格林纳达被杀害的年轻男孩的故事；还有装置作品《重量》（*Weight*），这是一张悬挂着24K镀金蚊帐的监狱双层床。这件作品曾出现在展览《内部：在狱中阅读的艺术家和作家》（2016）中。这次展览是为了向曾入狱两年的奥斯卡·王尔德致敬。

村上隆Takashi Murakami

村上隆以创立了当代艺术的"超扁平"风格而闻名。他那极具辨识度的风格可谓是雅俗共赏：色彩艳丽的卡通风格花朵，极具日本传统艺术神韵的二维平面创作手法。在他的自画像中，艺术家身穿滑板短裤、宽松的T恤和沙滩凉鞋，头发则绑成马尾。当然，还有他独一无二的

↑村上隆在香港贝浩登画廊，2013年5月。

眼镜：纤细的金丝眼镜，优雅，并恰如其分地展现出他身上那种独有的当代性。村上隆第一次与时装品牌合作，是与三宅一生的设计师泷泽直己（Naoki Takizawa）一起，把村上隆标志性的“水母眼”形象用于2000春夏系列的连帽风衣外套以及男士长裤之上。随后在2003年，村上隆和时任Louis Vuitton设计师的马克·雅可布合作；这一合作持续了13年，作品包括一系列印有粉红和粉蓝色Louis Vuitton花押标志的皮具。那些手袋上鲜艳的颜色、五彩的花押、樱花图案和卡通图案大受欢迎，这也为艺术家带来了源源不断的与时尚界合作的机会——其中包括和Supreme合作推出滑板，以及在2017年与维吉尔·阿布洛（Virgil Abloh）的Off-White合作推出手绘T恤。

小野洋子Yoko Ono

小野洋子一生都戴着眼镜。蛤蟆镜，20世纪80年代的未来主义超大面罩型太阳眼镜，雷朋“旅行者”墨镜，以及与她的丈夫约翰·列侬相配的圆框眼镜。小野洋子的艺术作品和时尚态度都可谓是无所畏惧的，她内心那个独特的灵魂获得了淋漓尽致的展现。1966年，她在伦敦因迪卡画廊举办展览，现场邀请列侬爬上一架梯子，透过一个望远镜观看“是”（Yes）这个字。小野洋子就这样迷住了列侬。三年后，二人在直布罗陀结婚，当时她身穿一条白色迷你裙，白色及膝袜，白色平顶帽，帆布运动鞋，还有一副几乎完全遮住她那张小脸的大墨镜。着装对小野洋子来说至关重要。她最早的表演艺术作品之一《切片》（*Cut Piece*），曾于1965年在东京Soget-

↑小野洋子，柏林，2006年2月

su艺术中心演出，她身穿一套漂亮的西装，并号召观众把衣服从她身上一片片剪下来。到了80多岁的年纪，小野洋子的着装通常宽松而中性：用简单的男装，搭配上一顶德比帽、一副太阳镜，或是用骑行皮夹克搭配衬衫，以及经典的框架眼镜。她的艺术形式多样，艺术理念抽象；音乐也是她创作不可或缺的一部分。1969年，她与列侬共同创立了塑胶小野乐团（Plastic Ono Band）。1981年，她发行了第一张个人专辑《玻璃季节》，专辑封面上的眼镜属于约翰·列侬，上面还残留着1980年他在纽约被枪杀时留下的血迹。

理查德·阿维顿RICHARD AVEDON

1966年，杜鲁门·卡波蒂为纪念凯·格雷厄姆在广场饭店举办了著名的黑白舞会，参与嘉宾都要佩戴面具。根据随后出版的《生活月刊》12月刊的报道，理查德·阿维顿通过"戴着一副藏着眼镜的绑带式面具"，解决了如何观看和欣赏这场盛宴的问题。阿维顿和他的眼镜几乎是一体的，在许多照片中，你可以看到这位摄影师把眼镜推到额头上，在有需要的时候随时戴起来。他的造型几乎一成不变：一副有型的飞行员眼镜，看起来既时髦又潇洒。他的眼镜给加勒特·莱特（Garrett Leight）——眼镜品牌Oliver Peoples创始人拉里·莱特（Larry Leight）的儿子——带来了灵感，他于2015年推出了著名的阿维顿框

↑理查德·阿维顿在他的纽约工作室，1985年。他站在自己的摄影作品《克利福德·费尔德纳，失业的牧场工人》之前

架眼镜。阿维顿的作品中也闪耀着时尚的光芒。他的摄影美学中充满了沉浸感：对他来说，时装无论多么花哨，最终都是关于关系的：摄影师和模特的关系，作品与当下的关系。他的摄影手法为照片中的时装带来了态度和生命。他许多作品都具有划时代的意义：1995年，模特朵薇玛（Dovima）身穿Dior时装在冬季马戏团（Cirque d'hiver）与大象共同出镜；1957年，他向匈牙利裔摄影师马丁·芒卡西（Martin Munkacsi）致敬，拍摄超模卡门·戴尔·奥雷菲斯（Carmen Dell'Orefice）身穿皮尔卡丹时装，手拿一把伞从出租车跳上巴黎的街头。他的商业作品将时尚摄影带到了新的高度，而他的肖像摄影也探索了拍摄对象的内心世界，让人们得以一窥人物的灵魂——无论是像马丁·路德·金（Martin Luther King）这样的著名人物，还是像《罗纳德·菲舍尔，养蜂人，加州戴维斯市，1981年5月9日》（*Ronald Fischer, beekeeper, Davis, California, May 9, 1981*）中的普通人。

巴勃罗·毕加索 PABLO PICASSO

“那些想要试着解释一幅图画的人，一般都没做过什么正确的事情。”

——巴勃罗·毕加索，《未来主义》，由狄迪尔·奥丁格尔（Didier Ottinger）编辑，2008年

巴勃罗·毕加索的脚步从不停歇：他不断地发展、蜕变，一次次地完善他想要向这个世界传达的信息以及传达的具体方式，而他的作品也随之循序渐进，进入一个个全新的阶段。这种无限进化的气质在他个人的形象上得到了体现。在他1900年从西班牙刚抵达巴黎的时候，20岁的他完全谈不上阔绰；之后的几年，他曾多次用还未成名的作品在多家著名餐厅买单（如巴黎狡兔酒吧和蒙马特歌舞秀场）。当时他的风格非常“艺术家”：带着补丁的工装背带裤，渔夫羊毛衫，和没有形状可言的工装夹克——他非常执着于在艺术界扬名立万。1919年，当他在英国接下俄罗斯芭蕾舞团剧目《三角帽》（*The Three-Cornered Hat*）的设计工作时，他爱上了英国绅士的得体装束。他与弗吉尼亚·伍尔夫的小叔子、艺术评论家克莱夫·贝尔（Clive Bell）一起跑去萨维尔街最好的裁缝店，购置三件套西装，然后搭配

→毕加索在他的工作室里，瓦洛里，法国，约1952年

上口袋手帕、拷花皮鞋和圆顶礼帽，把自己打扮得近似完美。1925年，他在蒙特卡洛与谢尔盖·迪亚吉列夫（Serge Diaghilev）一起再次与迪亚吉列夫的俄罗斯芭蕾舞团合作之后，开始穿起了白色休闲裤和水手夹克。

毕加索的造型多变：菲茨杰拉德式的牛津包和有型的平顶帽，扣子解开到胸口的性感黑色衬衫，布雷顿条纹T恤，卡其裤和休闲帆布鞋；20世纪50年代则是毛巾布马球衫搭配短裤，以及条纹衬衫与格子长裤的大胆碰撞；到了晚年，有时候你能看到他光着膀子闲逛：招摇，且引人注目。他非常喜爱帽子；带有绒球的秘鲁针织帽、遮阳大草帽、经典又结实的洪堡礼帽；甚至还有戏剧感十足的斗牛士帽，越南斗笠，以及美国原住民羽毛头冠——毕加索会为了博人一笑而戴上任意一顶或是好几顶，嘴里还叼着他的雪茄。

贝雷帽，这件巴斯克农民的传统装备，后来成了毕加索的标志，不仅常驻于他的衣橱中，也多次出现在他的画作中。他的这件最爱单品在《红帽女人》（*Red Hat*，1934）、《穿戴格子裙和贝雷帽的女人》（*Women with Beret and Checked Dres*，1937）、《戴蓝色贝雷帽的玛丽-特雷斯》（*Marie-Therese in Blue Beret*，1937），以及《贝雷帽男子》（*Man in Beret*，1971）中都占据了最醒目位置。另外一幅来自毕加索的《贝雷帽男子》则是毕加索最早期的人物肖像之一，创作于1895年，当时他才14岁；在这幅画中，毕加索的才华已经崭露头角。从伦敦当代艺术研究所（ICA, Institute of Contemporary Art）的访问记录中可以看出毕加索带来的这股贝雷帽风潮是多么有影响力：这一记录显示，在20世纪50年代举办的两次毕加索展览之后，员工发现馆内遗失的贝雷帽比其他任何个人物品都要多。正如ICA所解释的："他戴上贝雷

1903年，毕加索刚来到法国时住在伏尔泰大道上。当时他贫困潦倒，不得不和好友、诗人兼评论家马克思·雅可布（Max Jacob）分享同一张床、同一个笔记本和同一顶礼帽。

"一些人追随的人，是很迷人的人。一些人追随的人，是真的很迷人的人。"

——格特鲁德·斯泰因（Gertrude Stein），《毕加索》，1912年

帽，于是每个人都在模仿他。”

历史上，佩戴贝雷帽的形象往往是叛逆的、极端的，或是波希米亚知识分子。而毕加索也的确拥有以上这些气质。他在1944年加入了法国共产党，毕生都在为信仰捐赠自己的财物，并且不断在很多作品中传达自己这方面的思想哲学。毕加索最著名公共艺术品《格尔尼卡》（*Guernica*）就是这样一部作品；这件作品是1927年巴黎世博会西班牙国家馆的委托创作，也是

↑模特卡图沙（Katoucha）身穿灵感来自毕加索的Yves Saint Laurent晚礼服，1988春夏高定系列，1988年1月

毕加索本人对于战争、人类苦难和痛苦的一次震撼表达。正如泰特美术馆所说，《格尔尼卡》已经成了“反抗的标志”。随着时间的推移，毕加索的政治态度和他的作品一样，不断受到后人的探索和剖析。2018年《观察者》的专栏文章中，把毕加索形容为“比财神都有钱”,但是他却一直保有革命家的信念。所以这顶贝雷帽则是他原则和气质的倒影，是他个人形象的一部分。

设计师的目光一直追随着毕加索和他丰富的作品。1935年，艾尔莎·夏帕瑞丽被毕加索的作品《绘有视错手套的双手》（毕加索在真人的手上绘制后，由曼·雷摄影）所感动。不久后，她就推出了自己的传世之作：带有红色指甲的黑手套。1940年，波道夫·古德曼百货的橱窗展示了一系列当季时装，旁边装饰有毕加索的几件作品，为他在纽约当代博物馆的展览“毕加索：艺术创作40年”做宣传。这几件作品包括了他“玫瑰时期”的《女子半身像》（*Bustede Femme*），旁边是一件银狐大衣与金色裹身裙与之相映成趣。然后是“蓝色时期”的《灰色裸体》（*Nude in Gery*），一旁陈列着的是一件貂皮长斗篷。在1944—1945年，著名的好莱坞戏服设计师吉尔伯特·安德里安（Gilbert Adrian）受到毕加索立体主义以及块状上色风格的影响，设计了一套名为“毕加索的多重倒影”（Shades of Picasso）的及踝长连衣裙。1979年7月，Yves Saint Laurent冬季高定系列也致敬了毕加索的另一重人格——一条淡粉色缎面带有黑点薄纱、荷叶边领口和袖口的小丑女连衣裙。Prada 2017年的几何图案包、Oscar de la Renta 2012年度假系列中印有毕加索新闻照片的连衣裙、Jil Sander 2012年装饰有扭曲抽象面孔的针织服装，以及Jacquemus 2015秋冬季发布会上模特脸上用的双面妆容，这些都可算是灵感来自毕加索的产物。

毕加索本人也对装饰艺术略知一二。1955年，他与美国纺织公司富勒（Fuller Fabrics）联合推出“现代大师”风格系列，他为纺织公司创造一套包括“大公鸡”和“鱼”在内的印花图形设计，这些纺织品随后被制作成时装；1956年，他再次与富勒合作，设计了一整个系列的家装面料，其中一款名叫“龟鸽”。1962年，他与运动品牌White Stag合作，推出的时装系列中包括印有毕加索标志性公牛的乙烯基外套，以及印有《牧神音乐家》（*Musician Faun*）的灯芯绒斗篷。这款系列的广告语，也符合毕加索平等主义的革命性标准：“想买得起毕加索？只要有30美元就可以！”

路易斯·内维尔森 Louise Nevelson

"对我来说艺术和生活就是一回事，而时尚则是生活的一部分。
能穿美丽的衣服和珠宝，这让我很高兴。我总是在创作
——为什么不为自己创作呢？"

——路易斯·内维尔森，*Vogue*杂志，1976年6月

路易丝·内维尔森的日常着装就像拼贴一般令人眼花缭乱，这也与她的作品不谋而合。她总是把杂乱无章的单品搭配在一起，创造出一种奇特的魅力。同样地，她利用街头找到的碎木头和各种残骸组装成雕塑，给人留下深刻的印象，而观感却又意外地和谐。她1899年出生于基辅，最著名的作品是1958年创作的《天空大教堂》(*Sky Cathedral*)。她把从街头捡回来的零件和碎木头油漆成哑光黑色，做成一个个盒子。当时装设计师阿诺德·斯卡西（Arnold Scaasi）第一次见到这位雕塑家时，她穿着一件"男式牛仔工作衫和一条卡其长裤……头上戴着一顶尖尖的巫师帽，是由某种可怕的红棕色假毛皮制成的，外加一件貂皮大衣！"他说她看起来像是"古怪的女同性恋和优雅的老嬉皮士的结合体"，而且他本人"被迷住了"。随后，斯卡西开始为内维尔森设计衣服，但这几乎总是二人的共同创作。她

→路易斯·内维尔森，1980年6月

己的这件手工作品去学校，直到感到厌倦。”后来，帽子和头巾成了内维尔森的最爱。毛绒骑师帽、Stetsons品牌的西部牛仔宽边高顶帽、真丝印花大头巾以及毛皮巴布什卡（俄罗斯老年女性常戴的头巾）都是她常用的配饰。她最爱的制帽商之一是约翰先生（Mr.John），他的作品充满戏剧性，在上流阶级女性和电影明星中广受欢迎，其中包括玛丽莲·梦露。据说内维尔森会用自己的作品来交换奢侈品，因为二者都价格高昂。对她来说，帽子是万万不可少的。在她的传记《光与影》（*Light and Shade*）中劳丽·威尔逊（Laurie Wilson）写道，在20世纪30年代和40年代，内维尔森“因为‘帽子’而著称，因为她总是戴着华丽的头饰，有些是偷的，有些是情人为了讨好她买的”。

内维尔森这种追求极致的时尚风格，是随着她年龄增长而逐渐成形的。这一切开始于30岁之后，她离开了希望她安心当家庭主妇的丈夫。随后，她开始了贫困潦倒的艺术家生涯，但

“每次穿上这些衣服，我都在创造图像。”

——路易斯·内维尔森，《从黎明到黄昏》，1976年

她还是想方设法穿得整洁光鲜，这跟后来她那种狂野的、有种过时感的风格相距甚远。1941年，内维尔森在柏林尼伦多夫画廊举办了自己的第一次个展，20世纪50年代，她卖出了第一幅作品，并开始找到属于自己的着装风格；她认为如果想要人们注意到自己的艺术，他们就得先注意到她本人。而她的衣橱，显然为她做到了这点。

朱利安·施纳贝尔 JULIAN SCHNABEL

我拒绝塑造自己的标志性着装。
我想R.E.M乐队的迈克尔·史蒂普（Michael Stipe）曾经跟什么人说过我“拥有白色”。
我不知道这是什么意思，但我认为他能这么说真是太好了。

——朱利安·施纳贝尔，《晚报》，2014年5月

朱利安·施纳贝尔是一位穿着睡衣的艺术家——一位电影制片人，室内设计师以及画家，并把睡衣穿到光天化日之下。他在各个重要领域都有地位卓绝的合作者：他的处女作是1996年为老朋友让·米歇尔·巴斯奎特拍摄的传记片。他身边的朋友们都愿意请他时不时地贡献一些创意——而他也非常乐意帮忙，这让他的工作愈加繁重。唐纳泰拉·范思哲（Donatella Versace）认识他，是因为他为她的孩子和哥哥吉安尼（Gianni）创作过肖像画。二人也曾合作设计了一条项链，拍卖所得捐赠给了惠特尼美国艺术博物馆。2006年，他改造了伊恩·施拉格（Ian Schrager）的格拉梅西公园酒店（Gramercy Park Hotel）的室内装修，这则缘起于两人小时候都参加过卡茨基尔山夏令

→朱利安·施纳贝尔，纽约，2017年5月

营，长大后就联手做起了百万美元的大项目。他对《纽约时报》解释道：“我不是一个设计师，但我一直会做一些东西。本质上，我是一个画家，对我来说这没什么难的。”他在酒店内部点缀满了自己的作品，还有一件安迪·沃霍尔的作品；后者也是他的好友之一，1982年，他为沃霍尔创作了一幅肖像。这位艺术大明星和施纳贝尔相处得相当轻松自在，甚至同意脱掉上衣，因此你可以在肖像中看见里面露出的粉色胸衣。

作为艺术家，施纳贝尔给人最深刻的印象是他以一种生机勃勃的方式，展现了20世纪80年代艺术界那种超越生活、蓬勃进取、渴望名望和金钱的氛围。这种生机勃勃的时代气息，为他来带了遍布全球的关系网络，为他打造了属于自己的创作传奇。不过无论他做什么、和谁合作，总是那么全心全意。他最出名的一幅作品《时尚之死》（*The Death of Fashion*）来自创作生涯的早期，这个名字来自一名模特自杀的新闻报道标题。这件由破碎的陶瓷碎片组成的作品如同一份震撼人心的宣言，充满了热忱和激情，典型的施纳贝尔风格。

1993年，施纳贝尔在岛屿唱片公司发行了一张专辑，名为《每朵云都有一条金边》（*Every Cloud Has a Silver Lining*）。在这张专辑中，他贡献了歌唱、钢琴和风琴，并亲自作曲。

施纳贝尔是六个孩子的父亲，他的长子维托是一名艺术品商人，他的名字来自马里奥·普佐的电影《教父》中的维托·科里昂。施纳贝尔还有一对双胞胎儿子，一个是赛伊（Cy），以画家赛伊·托姆布雷（Cy Twombly）的名字命名，另一个是奥尔莫（Olmo），来自杰拉德·德帕迪约在贝托鲁奇的电影《海上钢琴师》中扮演的角色奥尔莫·达尔克（Olmo Dalcò）。

在2017年的纪录片《私人肖像》（*Private Portrait*）中，施纳贝尔宣称：“当你年轻时，你总有做点什么的欲望，虽然你不知道那具体是什么，但你不得不这么做。就算你在做的事情不那么理性，你必须对它有无限的信心；这就是盲目的信仰。”20世纪80年代，他的自信和商业头脑使他让人又爱又恨。2003年《卫报》的一次采访将他描述为“一个傲慢的花花公子，他经常在宫殿般富丽堂皇的曼哈顿住所里，懒洋洋地躺在沙发上接受采访，身穿着丝绸睡衣和花押字印花的拖鞋。”你可以在几百篇专栏里了解到他的生活习惯：白天在纽约闲逛，晚上出席活动走红毯，穿着豪华睡衣在他位于纽约西村的五万平方英尺豪华宫殿里作画。*Vogue*和其他流行刊物写了许许多多长篇报道，介绍施纳贝尔和他12层楼高的意大利风格大楼，这也是艺术家本人亲自设计。

“当我穿睡衣时，它看起来像燕尾服，”施纳贝尔曾经这样说。可能没有人像他这样尽情展示过睡衣。他的前妻奥拉茨·洛佩斯（Olatz López）是一位西班牙模特，二人共度了17年；她从前夫的造型中得到灵感，创造了属于自己的高端设计师睡衣品牌。而她不是唯一一个把睡衣带上T台的设计师。2013年，马克·雅可布就穿着华丽的睡衣出现在Marc、Marc Jacobs和Louis Vuitton的秀场T台上向大家鞠躬致意。而现在，两件套真丝睡衣已经成为一种时髦的着装，出现在Thakoon、Céline、Dolce&Gabbana、Dries van Noten和Gucci等国际大牌的T台上；施纳贝尔无疑为这一时尚潮流贡献了灵感，他让这一潮流被主流文化所接受，并使睡衣成为白天着装的一种选择。在哥伦比亚广播公司电台（CBS）的一次采访中，他说：

> 我的绘画作品不仅占据空间，也会占据人们的注意力。人们总是会有所反应。有些人深受启发……另一些则感到冒犯。但这也很好。我喜欢这样。
>
> ——朱利安·施纳贝尔，《观察者》，2003年10月

“当你看到有人穿着睡衣走在街上，人们都以为你刚从精神病院出来。当我的孩子们出生时，我穿着睡衣在产房外面走来走去。一位女士对我说，‘你上错楼了。’我说，‘不，不，不，我没走错。我的孩子在里面。’她说，‘你不能穿睡衣走来走去。’旁边有个女画家说，‘那是朱利安·施纳贝尔。他总是穿着睡衣到处走。这没什么。’”《名利场》也同意这一点，并在2008年把施

纳贝尔评为最佳着装排行榜的“最佳原创”。时尚界喜欢施纳贝尔。对于这个目的在于吸引全世界关注的产业来说，他是最合适的人。

对于阿瑟丁·阿拉亚（Azzedine Alaïa）这个以修身连衣裙著称、深受超模和上城女性喜欢的突尼斯时装设计师来说，施纳贝尔是一个完美的跨界合作对象。所以毫不意外，他们二人私交甚笃，互相欣赏。2013年的一次采访中，施纳贝尔和阿拉亚进行了一次对谈。他说他们是25年的老朋友，而阿拉亚是“一位艺术家……一个用剪刀创作的雕塑家”。同样地，施纳贝尔的作品也出现在阿拉亚巴黎的工作室和时装店里。另一位注意到施纳贝尔的设计师是维多利亚·贝克汉姆（Victoria Beckham），她的2014早秋发布会，灵感就部分来自她拥有的一件施纳贝尔作品，她说这件作品“深深地影响了这一季时装的色

施纳贝尔是个冲浪爱好者，他和冲浪界传奇人物赫比·弗莱彻（Herbie Fletcher）一同创建了盲女（Blind Girls）冲浪俱乐部，这个名字来自施纳贝尔2001年的画作《没有眼睛的大女孩》。2015年，二人与美国街头潮牌RVCA合作，推出了盲女冲浪俱乐部限量系列。

↑朱利安·施纳贝尔在第67届威尼斯国际电影节出席他的电影《米拉尔》（*Miral*）首映式。*Festival*杂志，2010年9月

彩”。而在Louis Vuitton2018春夏男装系列中，金·琼斯（Kim Jones）直接挪用了一批20世纪70和80年代的艺术家作品。在这个系列中，施纳贝尔显然不可或缺；毫不意外，他也恰如其分地将一套飘飘欲仙的贴花睡衣送进了秀场。这套睡衣在卧室里穿起来有点过分正式，穿上街却恰到好处。

李·米勒
LEE MILLER

我宁愿给别人拍照，也不愿自己被拍。

——李·米勒，《时尚界的李·米勒》，贝琪·E. 康奈金（Becky E. Conekin）著，2013年

随着李·米勒不断转换方向，她的职业生涯随之曲折多变。李·米勒1907年生于纽约波基普西，在20世纪20年代当过超模，曾身穿乔治·霍伊宁根·休恩设计的浪凡时装登上过法国版*Vogue*，随后在巴黎成为曼·雷的灵感缪斯和合伙人。后来她成了一名战地记者，并且是进入纳粹达豪和布痕瓦尔德集中营的第一位女记者。作为*Vogue*的摄影师，她为杂志拍摄了Schiaparelli、Edward Molyneaux和其他设计师品牌的高级成衣和定制时装。

1929年，她学会了如何拍照，与爱人曼·雷定居巴黎并一起工作；她在这里学会了一种日晒技术——这种暗室效果，使她的摄影作品都带着一种特殊的朦胧边缘。而米勒的眼光和构图，让她成为一名独特的超现实主义艺术家。《弯腰的裸体》（*Nude Bent Forward*，1930）中女性身体之上抽象的细节，或是《火

→李·米勒，1928年11月

焰面具》(*Fire-Masks*，20世纪40年代）——画面中是两个坐在轰炸废墟中的女人——既巧妙又怪异的气氛，都展现出杰出的技巧和全新的视角。她的儿子，安东尼·彭罗斯（Antony Penrose）在2013年4月《独立报》的一次采访中解释说："无论是拍摄时尚还是战争，首先她都是一个超现实主义者。那种古怪地看待事物的方式，看到图片背后的东西，那些梗，那些内涵，都是她所要表达的一部分。"米勒捕捉到了属于自己的现实，一个总是隐藏着潜台词的现实。她的照片，比如幽灵般的《漂浮的头》(玛丽·泰勒，1933年或是《无题》(爆炸之手，1930年），开辟了新的境界，带来了一种怪异而不可忽视的观看之道。

米勒是公认的美丽而时尚的。*Vogue*杂志编辑马奇·加兰（Madge Garland）称她为"如此可爱的景象"——男人们俯伏在她的脚下，但她完全打破了20世纪早期女性的刻板印象，用看待自己和世界的方式彰显出女性的自信。米勒的着装风格简单平实，有时稍显中性，这与她美丽的外表形成一种平衡。风衣、阔腿裤、衬衫裙和宽松罩衫，这些都是米勒的标志性着装。你也能在杜罗·奥洛乌（Duro Olowu）以米勒为灵感的2018夏季秀场上看到这些单品。当米勒身穿男士长裤时，会显得格外纤细；而当她在战争时期为*Vogue*杂志拍摄时，她会身穿修身裁剪的军装制服，实用而时髦。她穿衣服非常随便，中等长度的铅笔裙、粗花呢服装、开衫、香奈儿外套、Caroline Reboux的帽子，而她那种诱人的魅力，主要来自毫不做作的态度，让她看上去优雅而精致。她的头发在脑后剪得很短，显得有点男孩子气，与当时潮流完全不同，为她带来一种孩子气与女人味混合的特殊魅力。

米勒喜欢把脚指甲涂成绿色。1928年，爱德华·史泰钦（Edward Steichen）给米勒拍了一张照片，用作Kotex卫生棉的广告。她是首位出现在女性用品广告里的人，尽管一开始她非常不安（并因此终结了自己的整个模特生涯），但后来还是为自己做到了之前人们难以想象的事情而非常自豪。

我很自然地就开始了拍摄。当战争降临在一个女孩的生活中时，她还应该干什么？

—李·米勒，哥伦比亚广播公司电台的*Ona Munson*访谈节目，1946年

↑ Céline 2014/2015秋冬女装发布会，2014年3月巴黎时装周

时尚界的大人物和天才们都留意到了她的个人风格，并将之注入自己的设计之中。在读过米勒的传记后，弗里达·贾尼尼（Frida Giannini）以此为灵感设计了Gucci 2007秋季时装系列；被米勒的力量和激情所鼓舞，她把20世纪40年代复古风格带上了米兰时装周。2008年，比利时设计师安·迪穆拉米斯特（Ann Demeulemeester）创作了“米勒的眼睛”系列吊坠。菲比·菲洛（Phoebe Philo）在Céline的时候，经常参考这位艺术家在20世纪三四十年代的华丽造型：2012年，Céline秀场上的一件红白几何图形毛衣，就是复刻了米勒1932年的一身造型。2014秋季时装系列之后，菲洛告诉时尚记者蒂姆·布兰克斯（Tim Blanks）：“（这个系列设计的）出发点，就是1945年米勒在慕尼黑时，在希特勒浴室里拍照的标志性形象”。在战地记者大卫·谢尔曼（David Scherman）的镜头中，米勒浑身赤裸，浴缸外放着一双泥泞而厚重的军靴。菲洛指出，这位艺术家“在做一些当时看起来相当激进的事情，比如穿男装；虽然这在今天看来很正常”。

米勒的时装照片展现了她本人独特的时装品位。尽管在战争结束后，她已经不太有兴趣为*Vogue*拍摄，但还是在1944年前往巴黎，成为最早一批在巴黎解放后去进行报道的外国人。她用专业的眼光去观察当时巴黎人的穿着，以及各家时装沙龙的复兴过程。在她发回的照片中，你可以看到Paquin高定时装屋里的制帽匠透过橱窗向外面挥手，法国女人穿着手工制作的外套、背着使用的斜挎包在巴黎街头骑自行车，卢西恩·勒隆（Lucien Lelong）在工作室里检查布料。1944年11月，她给*Vogue*发去专题，展现自己在巴黎看见和记录下的真实生活。她发现巴黎人穿的衣服“更朴素，更实用，但

朱迪思·纽曼（Judith Newman）2008年在《纽约客》一篇关于米勒的文章中写道，这位艺术家的模特生涯开始得非常偶然：1926年秋天，“康泰纳仕偶然间看见她在过马路时差点被车撞上，就拉了她一把。这次意外之后，她被介绍给了*Vogue*主编埃德娜·蔡斯（Edna Chase）”。1927年3月，她首次登上了*Vogue*封面。

也更有想法。像是防风夹克，适合骑车，经久耐用，经常还有皮草镶边”。米勒的编辑埃德娜·伍尔曼·蔡斯（Edna Woolman Chase）在收到后给她发了封电报，说她的照片“需要更优雅一些”。但米勒受到了*Vogue*战后上任的总经理哈里·尤克斯（Harry Yoxall）的赏识，他说：“还有谁既能报道士兵又能报道毕加索？还有谁既见证了圣马洛在战火中摧毁的样子，又见证了时装沙龙的复兴？还有谁既了解齐格菲防线又了解最新流行的时装曲线？”

杰克逊·波洛克 JACKSON POLLOCK

“绘画是一种存在状态……绘画是自我发现。
每个好画家都只是在画着自己。”

——杰克逊·波洛克，摘自谢尔顿·罗德曼（Selden Rodman）1956年的访谈《与艺术家的对话》，1957年

杰克逊·波洛克的身上总是带着一种局外人的游离，以及詹姆斯·迪恩（James Dean）的忧郁气质，这也都成功地表现在了他的着装上——用白色或者黑色T恤、蓝色或者黑色牛仔裤进行各种搭配组合，时常在外面套一件溅满颜料斑点的连身工作服，嘴里再叼着一根香烟。他所穿的衣服与他那混乱无序的画风迥然不同。这种画风直观地展现出战后美国的动荡与他自己内心的情绪。1950年，《时代》杂志刊登了一篇题为《该死的混乱》（*Chaos Dammit*）的专栏文章；对此他回应道：“不能混乱，该死的。忙着画画呢。”波洛克的伟业在于把无秩序升华成了艺术，他这种生动醒目的作品不仅仅在艺术界被传为佳话，还被时尚界引为灵感源泉。波洛克在解构主义的时尚浪潮出现之前已经在用解构主义的方式创作了，而他本人那种混合了垃圾摇滚风和垮掉一代颓废气质的着装风格，也随着美国反

→波洛克在他位于长岛的工作室里工作，1949年

智运动的兴起而如鱼得水。

1912年，波洛克出生于美国怀俄明州，随后在亚利桑那州和加利福尼亚州长大。当他在1930年进入纽约艺术学生联盟学习时，刚开始还保留着戴牛仔帽和牛仔领巾的习惯。这套打扮对他来说更像是一个梦想，而不是现实，因为波洛克生来怕马，而且完全没参与过任何农牧业劳动。尽管如此，牧场的牛仔布料依旧是他最喜欢的面料，所以他经常会穿着Levi's背带裤或者Lee牛仔裤，搭配一件修身款的Lee101夹克。他独特的穿衣方式影响了不少当代的品牌，包括M.i.h和Baldwin，这两个品牌都推出过以他名字命名的牛仔裤系列。其中更值得一提的是艺术家斯特林·鲁比（Sterling Ruby）为Raf Simons 2014秋冬系列提供的设计，最大的亮点是在牛仔布料上溅满了三原色颜料。

波洛克从起步时期就迷倒了时尚界人士。塞西尔·比顿在1951年*Vogue*杂志的拍摄中选用了他的两幅画作为背景，其中一幅是《薰衣草迷雾》（*Lavender Mist*，1950）。这次拍摄的主角是由鸵鸟毛和丝绸制成的淡蓝色和珊瑚粉连衣裙，搭配着扇子、精致的绑带凉鞋和长筒袜，弥漫着宁静而典雅的气息。天鹅般优雅的模特，与波洛克这两幅狂躁的作品达到了强烈的视觉反差；在鲜明的对比下，时尚和艺术达成了某种水乳交融的状态。当时比顿意识到一些了不起的事情即将发生，但似乎时尚界对他的这种直觉或是波洛克的艺术表达尚且浑浑噩噩。波洛克不仅代表了美国抽象印象派，还在很大程度上折射出美国当时的新秩序。尽管比顿的模特身穿着最新款的春季上城时装，却远远无法代表即将给时尚主流带来翻天覆地变化的逆流：反叛、另类、街头。比顿对波洛克的迷

波洛克会经常购买一些用于船舶或者室内装修的工业棉亚麻布残余品来作为画布，用注射器往上面喷射颜料。

波洛克的妈妈史黛拉从波洛克儿时起就给他缝衣服穿。她为波洛克和他的四个兄弟分别量身制作了带有“军用肩章和别致的纽扣”的衣服。他们这几兄弟也因此成为当时爱荷华州廷利地区学校里最佳穿着的儿童。

我认为新的想法和需求需要新的技术来补充。现代艺术家已经找到了新的手段和方法来表达他们自己。在我看来，现代的画家无法用文艺复兴时期或者其他历史上的旧手段，来表达我们这个拥有飞机、原子弹、收音机的时代。每个时代，都会找到它自己的技术。

——杰克逊·波洛克，“对威廉·莱特（William Wright）的采访”，1950年

恋不止于此，在1968年*Vogue Decorating*的一篇专题文章中，他呼吁读者一边“想着波洛克”，一边用油漆在地板上大胆创作出一块地毯，或者用一个小洒水壶模仿波洛克的“动作绘画”对自己的床品进行改造。

↑ Alexander McQueen 1999春季成衣发布会的闭场，模特莎洛姆·哈洛（Shalom Harlow）身穿一件用皮带固定着的白色抹胸裙，被机器喷了一身颜料，1998年9月伦敦时装周。裙子最后呈现出的样子，让人想起波洛克的画布。

波洛克的眼光和思维方式打开了一片全新的充满现代性的领域，而时尚界依然将他的作品风格当作风向标。1950年，他在贝蒂·帕森斯（Betty Parsons）画廊举办第四次个展，当时“展场里挤满了时尚圈的人……都努力地试图看一眼这个名声显赫的画家”。艾芙琳·东尼顿（Evelyn Toynton）在波洛克的传记中写道，他当时就好像“动物园最珍稀的动物一样”。尽管波洛克于1956年在一次酒驾事故中丧生，但他至今都还继续通过他的作品影吸引着、影响着时尚圈的创意和秀场上的潮流。

激进的设计师总会不由自主地被波洛克这种抽象的风格吸引，因为这种风格非常适合呈现在纯色的廓形服装之上，并且保留其中原有的魅力。Maison Margiela的波洛克滴色运动鞋堪称经典；而在2013年春季系列中。Thom Browne带来了两侧流淌下白色颜料的灰色高跟鞋。长居英国的土耳其/加拿大裔设计师艾尔丹姆·莫拉里奥格鲁（Erdem Moralioglu）曾说，他在2011秋季高定系列中所用面料的流动之美，灵感就来自艺术作品。他曾描述自己如何“被《波洛克》(*Pollock*)这部电影所触动。我喜欢那个把画布扯下来再穿上的概念”。艾尔丹姆·莫拉里奥格鲁把这个“20世纪50年代的社会控制，疯狂的艺术家与之对抗”的概念，注入了他那些精致的、令人惊艳的连衣裙中。早在2006年，安特卫普六君子之一、比利时设计师安·迪穆拉米斯特展出了经她改造的波洛克作品套装：飘逸的白色阔腿裤，搭配着带有不对称绑带的丝绸上衣，衣服上被精心喷洒上蓝色染料，呼应着波洛克的“动作绘画”。最老牌的高定设计师也被波洛克所吸引，比如1984年马克·博昂（Marc Bohan）在Dior时期就创作了自己版本的波洛克连衣裙，上面垂坠着无数条黑玉串珠。

波洛克的参军申请没有被批准，因为他的精神状况不适合在第二次世界大战期间在美军陆军中服役。他开始靠在领带上和一些其他布料上绘制或印制图案来谋生。后来他找到了一份在非具象艺术美术馆当门房的工作。这家美术馆后来以创始人佩吉·古根海姆（Peggy Guggenhein）的叔叔所罗门·R. 古根海姆（Solomon R. Guggenheim）的名字重新命名。

标志性造型：西装

这些身着西装的艺术家，向我们展示了精良剪裁的服装与工作室里超凡脱俗的观念并不矛盾。对他们来说，西装如同制服。他们通过穿着展现自己的自信、力量，以及对细节的严格把控，这些特质与他们举世闻名的作品一脉相承。从蒙德里安标志性的原色画，到杰夫·昆斯的新波普主义作品，比如那些备受争议的“迈克尔·杰克逊和气泡”雕塑，以及镜面般锃光瓦亮的不锈钢气球狗。至于当代文艺复兴代言人塞西尔·比顿，他以拍摄名人和富豪肖像闻名；而他选择的定制西装同样是世界顶级的。

塞西尔·比顿CECIL BEATON

1934年10月17日，塞西尔·比顿第一次光顾皇家裁缝店安德森和谢泼德（Anderson and Sheppard）；这家店以宽松的“美国式”剪裁而著称。到了1965年，塞西尔·比顿时年61岁，这位充满艺术才华的时尚摄影师仍然身处时尚圈的高位，他抱怨说：“萨维尔街已经变了，一切都墨守成规，不思进取。”尽管如此，以极其利落、硬挺的裁剪线条而闻名的亨斯迈（Huntsman）裁缝店依然接到了塞西尔·比顿一身三件套绿色精纺西装的订单，这笔订单被记入了那年的账本之中。

↑塞西尔·比顿，诺曼·帕金森摄于1972年众所周知，塞西尔·比顿在20世纪60年代一度拒绝再次光顾英国的裁缝店，但在他意识到巴黎定制的西服远远比不上萨维尔街的高标准产品之后，他又选择了回归。他在购物时一向精挑细选，就像他日记中写道的："相对而言，我在衣服上花的钱很少。除了一身出席正式场合的好西装之外，大多数衣服都购买自中国香港、吉林厄姆、多塞特，或是出国旅行时到过的各个港口。"1971年，维多利亚和阿尔伯特博物馆举办了一场名为"时尚：塞西尔·比顿之选"（*Fashion: An Anthology by Cecil Beaton*）的展览，在展览中他精选了一系列自己最爱的服装单品，包括一身格特鲁德·斯坦（Gertrude Stein）的Balmain西装，以及里-拉德西维尔公主（Princess Lee Radziwill）的Courreges连衣裙。

马克斯·恩斯特MAX ERNST

1920年，马克斯·恩斯特创作了《拳击球或布诺纳罗蒂的不朽》(*The Punching Ball or The Immortality of Buonarroti*)，在一幅自拍照上拼贴了一张身穿露肩礼服裙的女人身体，以及一颗来自医学教科书插画的头颅。在这张自画像上，他戴着条纹领结，身穿西装夹克和白衬衫，看起来像是全世界最精明的超现实主义艺术家、最温文尔雅的达达主义者。从外表上看，他风度翩翩；但在灵魂深处，他为自己在第一次世界大战中当兵的经历而痛

↑马克斯·恩斯特在纽约现代艺术博物馆，1961年

苦不堪。恩斯特一生都在绘画、剪纸，把意想不到的素材拼贴在一起，展现出属于他那个时代的幻想。1934年，他创作了一部名为《为期一周的好意》（*The Week of Kindness*）的视觉小说集。在可怕的画面中，有一群身穿西装的鸟类，这些西装剪贴自维多利亚时代的时装目录，寓意着纳粹势力的崛起。他在1922年的作品《朋友聚会，朋友成花》（*To the Rendezvous of Friends*）中也包括了一张自拍照。照片中他一如既往地穿着西装，白金色的头发梳成充满男孩子气的样子。

杰夫·昆斯 Jeff Koons

杰夫·昆斯量身定制的西装制服，与他那些充满波浪限量、令人目眩神迷的波普作品形成了鲜明对比。他的外表总是修饰得很时髦，带着点简洁的细节，如裁剪精致的白衬衫或是精心协调的配色。当他在工作室里创作时，他会选择一身低调、极简而不失时髦的着装：牛仔蓝亚麻布两件套西装，搭配领带和海军蓝衬衫。然而他的作品却大多华丽而显眼，从金灿灿的迈克尔·杰克逊雕像、颜色艳丽的粉红豹雕塑，到毕尔巴鄂古根海姆博物馆门口那座高达43英尺、由钢结构和鲜花构成的西高地梗。杰夫·昆斯还与Louis Vuitton合作，探索时尚和艺术相结合的各种形式，并以梵高和鲁本斯等艺术大师的经典作品为灵感，创作了一系列手袋。

↑杰夫·昆斯在格拉西宫的“气球狗”（红色）前面，意大利威尼斯，2006年4月

↑彼埃·蒙德里安，纽约市，1942年1月

彼埃·蒙德里安PIET MONDRIAN

从裙子到泳衣再到袜子，再到1965年伊夫·圣·洛朗设计的著名鸡尾酒礼服裙，荷兰画家彼埃·蒙德里安的作品至今依然为时尚世界带来源源不断的创作灵感。这些创作于20世纪20年代和30年代的作品中，有着精细的线条，以及涂着三原色的矩形。蒙德里安这些色彩显眼、构图简洁的作品，在油画布上和在时装面料上同样令人赏心悦目。而艺术家本人身材纤细，更加偏好朴素的单排扣西装和领带。西装的简约与修身，正如蒙德里安作品中那些极简、干净的线条。正是这些线条，吸引了无数风格优雅的时装设计师。他所佩戴的圆形眼镜也同样的简约，有时他还会留着修剪整齐的小胡子。也许，他时不时地会清理自己的衣柜。在1966年一期《工作室》（*Studio International*）艺术杂志中，艺术家瑙姆·加博（Naum Gabo）回忆道，1938年蒙德里安搬到伦敦，加博“有一次一大早去拜访他，看见他穿着一件旧外套。我这才发现他没有厚睡衣”。刚来到英国时，蒙德里安带的衣服非常少，加博的妻子米莉安（Miriam）不得不带他去买“一件在过肩处有打褶的真正的罩衫”用来在作画时穿。

↑在伊夫·圣·洛朗的最后一场时装发布会上，模特身穿1965年的蒙德里安系列连衣裙，蓬皮杜中心，巴黎，2002年

汉娜·霍克
HANNAH HÖCH

我愿意帮助人们体验一个更丰沛的世界，
如此他们也许会对我们所知的世界抱有更多的善意。

——汉娜·霍克，《纽约时报》，1997年

汉娜·霍克的发型是路易斯·布鲁克斯（Louise Brooks）式的波波头，她的着装多半是20世纪20年代流行的模糊性别特征的半休闲正装：水手领细条纹连衣裙、羊毛短裙，或是中性风套装配软领结，搭配彼得潘领女士衬衣——还有结实的系带皮鞋。这样的装束让她显得充满创意，自信强大。直到1978年过世，她一直保持着这样整洁的、男孩子气的着装风格，彰显她自由、现代的生活态度，同时又格外优雅。即便是到了84岁、满头白发时，她依然留着带刘海的波波头。霍克的风格让人联想到Prada：坚定的实验主义者，又总有出人意料的变化。

霍克1889年出生于德国的哥达，1916年至1926年间在德国的乌尔斯坦出版社工作，为包括《女士》（*Die Dame*）在内的女性杂志设计连衣裙式样。在魏玛共和国时期，她能够充分接触到最时新的女性媒体。尽管霍克最著名的是她的蒙太奇拼贴

→汉娜·霍克的自拍作品，1930年

"刺绣和绘画的联系非常紧密。它受到每个时代产生的新风格的影响，因而不断地变化。它是一种艺术，也应该得到这样的重视……你们，手工匠女性们，现代女性们，从自己的作品里感知到自我精神的人，决意主张自我（经济的和道德的）权利的人，深信自己坚实地扎根于现实的人，至少你们必须意识到，你们的刺绣制品就是你们在这个时代的宣言。"

——汉娜·霍克，《刺绣与蕾丝》（*Embroidely and Lace*），1918年

作品，但她曾在1918年写下一份《现代刺绣宣言》（*Manifesto of Modern Embroidery*），指出在当时由男性占主导地位的创意领域里这项独特技艺的价值。她认为，女性的创造力不应被贬低或看轻。霍克受到达达主义创始人雨果·鲍尔（Hugo Ball）的启发，后来开始制作一些达达风格的玩偶，为它们穿上立体主义的服装，类似鲍尔在苏黎世伏尔泰酒馆（达达主义的温床）的装扮。霍克为达达主义的宣言所吸引，他们意在“提醒世界，在战争和民族主义以外，还有独立思考的人们——为了不同的理念而活”。

霍克自己就是这样的人。她是为数不多的与达达主义关系密切的女性艺术家之一，但她的声名却不如其他男性艺术家，如乔治·格罗兹（George Grosz）和约翰·哈特菲尔德（John Heartfield）。他们的姿态和立场更为激进，但他们也低估了霍克的潜力，不愿让她参加1920年在柏林举办的“第一届国际达达展览”，仅仅因为她是女性。汉斯·里希特（Hans Richter）也秉持与他们同样的态度，声称霍克对这场运动的贡献在于她能够在必要时、在没有足够资金的前提下“变出啤酒和咖啡来”。尽管面对这些反对意见，霍克极具影响力的蒙太奇照片作品《用达达菜刀切除德国最后的魏玛啤酒肚文化纪元》（*Cut With the Dada Kitchen Knife Through the Last Weimar Beer-Belly Cultural Epoch of Germany*）还是在展览上脱颖而出，成了最受瞩目的作品之一。她用杂志和广告页面在画布上拼贴出极具艺术性的画面，分出“达达”和“反达达”的区块。作品的标题指向霍克对第一次世界大战后性别问题的关注—这也是她——再探索的主题。

霍克有意把自己的签名设计成H.H.，在德语发音里类似“哈哈”——此举是对她在达达主义运动中那段经历的诙谐致敬。

第三帝国时期，霍克的艺术被纳粹视作“堕落的”，她在柏林附近海灵根的一个小村庄里避难。她把达达时期艺术家朋友们的创作埋在花园里，以保护他们的作品。

霍克从不顺应潮流。她的着装充满自信、风格明确，彰显着一种既定的坚定态度；她坦言自己是“善于自洽的人”。她过着低调的情感生活。她曾一度与比她年轻不少的商人库尔特·马修斯（Kurt Matthies）结为夫妇，之后又和荷兰女作家玛蒂尔达·布鲁格曼（Mathilda Brugman）有过一段九年的恋情。尽管霍克甚少提及自己的私生活，但她的作品检视了世界定义两性的方式。她用《女性周刊》杂志图片创作的蒙太奇作品《浪荡子》（*Da Dandy*）和《强人》（*The Strong Men*）表现了一种讽刺性的替代男性气质，在《体操教师》（*The Gymnastics Teacher*）中评价了“自我”的概念，后者描绘的是一位留着时髦波波头的窈窕年轻女性，与她并置的是一位身穿围裙的大块头小姐。她运用日常的熟悉图像制造效果，认为“如果一篇文章中的照片，例如一枚绅士的衣领，被选取、剪下，就能够给人更强烈的印象和感受；把十个这样剪下的衣领图像放在桌上，又可以用它们拍一张照片。”

1920年，霍克写过一个短篇小说《画家》（*The Painter*），讲述一对思想先进的摩登夫妻，当妻子要求丈夫一年洗四次碗时，他们的关系破裂了；他说这是“对他精神的奴役”。这个故事的灵感来源于她与早年的情人艺术家劳尔·豪斯曼（Raoul Hausmann）的生活。

《时装秀》（*The Fashion Show*，1925—1935），霍克最知名的拼贴作品之一，生动地演绎了我们可以如何看待时尚与当代文化中的女性。出生于加拿大、在英国工作生活的设计师艾德琳·李（Edeline Lee）受到霍克的启发，创作了她2017年的大秀作品。李解释了艺术家所处的时代对当代时尚业的吸引力：“当时是第一次世界大战后——一个非常紧张的时期，和眼下没有多少不同。我们对过去的‘女士’如何穿戴有非常确切的看法，但是今天，一个有才华的独立女性要如何选择符合她的品位与体面的着装，同时又能让自己觉得舒服自在呢？”霍克似乎是这个问题完美的答案。新媒体和现代主义的期待共同塑造了她的艺术和衣橱，如今的年轻设计师们似乎也在经历同样的过程。

↑汉娜·霍克在位于柏林的工作室里，1967年

马赛尔·杜尚
MARCEL DUCHAMP

"我不是凭空创作了朋克这一风格。杜尚选择了小便池。我选择了'坏牙'强尼（Johnny Rotten）。"

——马尔科姆·麦克拉伦（Malcolm McClaren），《时代》（伦敦），2009年

马赛尔·杜尚也许是对时尚业影响最大的艺术家。他用自己的艺术生涯解析他所处的世界，不断地用各种方式进行自我表达。凭借《下楼的裸女2号》（*Nude Descending a Staircase, No.2, 1912*）声名大噪后，他开始试验一种崭新的创作手法，"现成品艺术"（readymade）——一个由杜尚自创的概念，运用现实中常见的物品，将其转变为艺术作品。这使他能够在每一个意想不到的细微之处找到灵感。1917年，他用小便池创作了最为著名的《泉》（*Fountain*），之后又把这种创意延伸到瓶架、装有大理石方块的鸟笼、微型落地窗，以及人们总会提及的、彰显艺术家理念的自行车车轮。面对世界时，这位达达主义艺术家采取的始终是一种讽喻的姿态。

在格鲁吉亚设计师丹姆那·瓦萨利亚（Demna Gvaslia）的作品中，能明显看到与杜尚同样的设计理念。2017年，他宣布

→马塞尔·杜尚，纽约，1927年2月

他的品牌Vetements，将退出各地时装周的发布，只在他有灵感的时候才推出“惊喜”产品。他充分调动“未知”对人们的吸引力，设计出大到离谱、看似无法穿上身的连帽衫，以及打上DHL货运公司商标、标价超过200美元的亮黄色T恤。他推出的一切都立即成为热门爆款。Moschino的杰瑞米·斯科特（Jeremy Scott）与他有着相似的设计理念，用快餐品牌麦当劳标志设计的服装和快乐儿童餐手袋，终结了高级时装的时代。

意料之外的设计掀动了时尚的波澜，杜尚已经证明了这一点。他的创作的核心是幽默与沉思：在他的*L.H.O.O.Q*中，达·芬奇的蒙娜丽莎被贴上了几撇小胡子，这与瓦萨利亚在Balenciaga将前辈设计大师们的作品重新演绎的设计如出一辙。马克·雅可布曾说杜尚的《蒙娜丽莎》是他最喜欢的艺术作品。卡尔·拉格斐在2014年的一场大秀中借鉴了杜尚的创意，用一扇印有香奈儿卡通图像的厕所门当作背景装饰；他给这扇门取名为《门2号》（*Door II*）。

杜尚本人的着装像一个典型的花花公子。他在1917年穿过的茧形毛皮外套，预示着当时夸张花饰的时尚宣言的顶峰，但在日常穿着中，他更倾向于用利落的白衬衫搭配领结。他用艺术探索矛盾和个体意识：1921年，他推出了自己的女性化身罗丝·瑟拉薇（Rrose Sélavy）——这个名字的法语发音类似短语“Eros, c'est la vie”（意为爱欲就是生活）。杜尚的好友和艺术上的恶作剧伙伴，摄影师曼·雷为“罗丝”拍摄了一幅作品，用1915年法国香薰品牌Rigaud的“芬芳气息”（Un Air Embaumé）香水瓶制成了一件现成品艺术作品。杜尚的香气被称作“美丽气息，水幕”（Belle Haleine, Eau de Voilette）；曼·雷镜头里的杜尚戴着一顶女帽，穿着礼服大衣，眼妆风情万种。（这只香水瓶在20世纪90年代成了伊夫·圣·洛朗和皮埃尔·伯格的收藏品，后来又被拍卖。）瑟拉薇后来又亮过几次

“我并不在意‘艺术’这个词，它已经被过度定义和阐释了。今天的人们对艺术的崇拜是毫无必要的。但我已经身处艺术圈中，而我想要摆脱艺术的羁绊。我无法解释我所做的一切。”

——杜尚，BBC采访，1968年

相，例如1938年巴黎超现实主义展览上戴着男帽、穿夹克衫和戴领结的模特人偶。这件作品被命名为《罗丝·瑟拉薇在其中一次挑逗与雌雄同体的状态中》（*Rrose Sélavy in one of her provocative and androgynous moods*），在人偶赤裸的裆部，用首字母RS做了涂鸦。

终其一生，杜尚都秉持着这样一个态度，即事物并非局限于它们的表象；这同样也是时尚界永恒的主题。达达主义挑战着社会的舒适区，我们也能看到设计师们沿用这条创作思路，挑战着美的范式偏见。那些富有原创精神的设计师们，如马吉拉、布莱斯（Bless）和川久保玲，都在尝试重塑一个服装品牌的潜能，持续改变人们对消费主义的定义。马吉拉设计的白色

↑杜尚，由卢沙尼尔森（Lusha Nelson）为《名利场》拍摄，1934年

涂鸦帆布鞋成了设计史上的经典之作，每走一步就会发出令人尴尬的响声。布莱斯在1997年用旧毛皮外套设计的假发，看上去根本就不像是正常的头发。安・迪穆拉米斯特在自己2008年秋冬时装秀的秀场上，用杜尚的访谈录音当作开场的背景声（蒂姆・布兰克斯为Vogue.com撰文评论，说他“谈论了离经叛道精神的延续性”），明确地传递出艺术家的讯息。

杜尚自己在1957年说，“艺术创造不是由艺术家独自完成的行为；通过观者对其内在特质的解析和阐释，艺术作品与外界产生了联系，观者也由此完成了对艺术创造活动的参与和贡献。”穿戴设计师服装的行为让时尚变得多元化，当一件被质疑的设计是创新性的，也可以通过微小的方式去试验它在其他方面的预见性。杜尚希望他的创作不只取悦视觉，还要取悦大脑；他认为：“我感兴趣的是创意——而不仅仅是视觉艺术品。我想让绘画再一次为理念服务。”时尚与艺术的交融就是创意的发展和对新鲜事物的尝试。

2012年，设计师侯赛因・卡拉扬（Hussein Chalayan）和艺术家加文・特克（Gavin Turk）共同创造了《四分钟一英里》（*4-minute mile*），这张专辑的灵感来源是杜尚1925年创作的螺旋雕塑作品《旋转磁场》，他们录下了两人关于艺术的讨论。这个项目公然挑战了人们的期待，杜尚本人也会表示赞同的。2017年，维吉尔・阿布洛用一件带有R.Mutt签名的Off-White帽衫向杜尚发表于百年前的《泉》致敬，仿照了杜尚在原作品上的签名方式。与之类似的，是菲利普・考尔波特（Philip Colbert）在他2011年的展览中以便池为灵感设计的连衣裙——看上去真的像饰有亮片的三维便池。考尔波特认为：“一名模特在红毯上穿了那条裙子。它只是制造了一种震惊的效果——人们只会惊呼‘老天，她穿了一条便池裙’。”

妮基·桑法勒 NIKI DE SAINT PHALLE

“大多数人无法看到我作品中的先锋性。
他们认为那不过是奇妙的异想天开。”

——妮基·桑法勒，《洛杉矶时报》网络版，1998年

妮基·桑法勒出生于法国纳伊（Neuilly），却在纽约长大。1949年，她登上《生活》（*Life*）杂志的封面，文章把她描绘成“一个年轻的金发女郎，（身上）既有美国人的坚忍，又有法国人的时髦”。专题写到她对自己的穿着打扮很上心，以及“出于节省衣柜空间和生活费的考虑，她钟爱那些适用于不同场合的服装”，例如她在拍摄封面时穿的那件——一条“白色丝质塔夫绸（短裙），与上装搭配起来就是一条可供出席正式晚宴场合的连衣裙，花费19.95美元”。那时的桑法勒是一名初入社交界的19岁模特，此后她将成长为一名顶尖的女性艺术家。2002年她过世后，《纽约时报》称她为“一名女性主义代表人物，甚至远超前于女性主义运动本身”。

桑法勒的时髦与优雅是毋庸置疑的。据说她的着装风格启发了伊夫·圣·洛朗在1996年设计的吸烟装，这种着装当时在

→妮基·桑法勒在《娜娜》（*Nana*）雕塑之中，伯特·施特恩（Bert Stern）为*Vogue*杂志拍摄，1968年4月

巴黎引发了巨大轰动——有些人认为女士穿着裤装出席晚宴是不得体的行为，但显然伊夫·圣·洛朗钟爱桑法勒用男性西服套装搭配高跟鞋的穿法。或许他也喜爱她挑衅的态度；无论出于哪种原因，它都成了最具标志性的造型。

1950年，18岁的桑法勒在给*Vogue*杂志2月刊拍摄的大片中以一件米色双绉真丝衬衫亮相，同时宣布了与作家哈利·马修斯（Harry Matthews）结婚的消息。他们过了一阵波希米亚式的生活，随后搬到欧洲，于20世纪50年代到巴黎定居，住进了蒙巴纳斯著名窄巷（Impasse Ronsin）一间半弃置的工作室里。1956年，她遇到了瑞士动态雕塑艺术家杰·丁格利（Jean Tinguely），他们开始一同进行艺术创作。1960年，她离开马修斯，开始和丁格利同居，并继续她在先锋艺术领域的探索。1961年2月，她开始创作“射击画”（Tirs）系列，一开始是向前情人的衬衫射击，继而转向涂覆了颜料的石膏模型，并与厨房用具、玩偶手臂、剃刀之类的物件拼接在一起。她用一把22口径的来复枪朝这些东西射击，颜料会在画布上形成泼溅和爆炸的效果。这些作品让桑法勒成了艺术界现象级的人物。她用一件白色连体裤搭配黑靴当成自己的射击装，包括加斯帕·琼斯（Jasper Johns）和罗伯特·劳申伯格在内的艺术家也经常加入她的创作活动。她以一种令人生畏的坚强形象示人，展现出少有人能与其匹敌的能量与张力。2016年《纽约客》在一篇文章中引用了这位已故艺术家的话：“当时行为艺术还没有出现，但这就是一种艺术行为。我出现在人们眼前，一个有吸引力的女孩（如果我长得很丑，他们可能会说我精神不正常，对我毫不在意），在访谈和射击活动里冲男人们大喊大叫。”

1962年，简·方达出现在桑法勒在马里布一次著名的射击表演中；罗伯特·劳申伯格买过她的一幅画。

1969年，桑法勒在巴黎大皇宫为她拍摄的访谈中说道：“女性可以用（比男性）好得多的方式去管理这个世界。黑人的力量我永远不知道下一步是什么。我一边推进一边改变计划。没有什么是可以预测的。没有先入为主的计划。

——妮基·桑法勒，*Vogue*杂志，1987年

↑设计师朱莉·德利班（Julie de Libran）为Sonia Rykiel设计的2017秋季成衣系列，灵感就来源于妮基·桑法勒的《娜娜》雕塑。这是2017年3月巴黎时装周期间的秀场T台照

和女性的力量：如果他们联手接管一切。那就是解决问题的办法。一个新的欢乐世界。”这种激进的精神吸引了设计师玛丽亚·嘉茜娅·蔻丽（Maria Grazia Chiuri），她是传奇时尚品牌Dior的首位女性创意总监；在2018年的Dior春季大秀后，她说桑法勒是一个“富含革新精神的女性，带给我很大的启发，并且内心非常强大”。蔻丽的设计融合了桑法勒的个人风格和艺术理念：模特们身穿印有桑法勒标志性螺旋蛇形印花、塔罗牌人物、卡通色块和旋涡的连衣裙和短裙，头戴由女帽设计师斯蒂芬·琼斯（Steven Jones）重新设计的桑法勒标志性的面纱贝雷帽。她的自传《我的秘密》（*Traces*）的封面照片被印在奢华的T恤上。这场大秀鲜明地彰显出桑法勒的理念，但这不是Dior首次从她身上获得创意灵感。1971年，*Vogue*杂志拍摄了马克·博昂（Marc Bohan）靠近枫丹白露的法国乡村住宅。博昂在20世纪60年代执掌Dior的品牌设计，他的家中满是桑法勒的版画、蜡笔和水彩作品，餐厅里还挂着一幅巨大的黑绿色调《娜娜》画像。博昂说：“妮基是我的邻居，一个伟大的艺术家，一个了不起的朋友。”蔻丽在为自己的桑法勒系列寻找灵感时，发现了两者间的联系。她说，“我找到一张妮基·桑法勒坐在骆驼上的照片，还有一封她写给马克·博昂先生的信，其中写道，‘感谢你为我做的衣服。’”

其他设计师同样被妮基·桑法勒吸引。大卫·科马（David Koma）是中央圣马丁的一名毕业生，他设计的服装曾被Lady Gaga选中。2009年，他以桑法勒的大型作品《娜娜》的线条为灵感设计了一个系列。《娜娜》是妮基·桑法勒从1964年开始创作的系列作品，其中包含多件色彩鲜明的动物与人类雕塑，其中最著名的一件《她》（*Hon*）是1966年在丁格利帮助下创作的，最初只是瑞典斯德哥尔摩当代美术馆的一个临时艺术项目。这个大型装置的全称为《她——一座教堂》(*Hon-en-Katedrall*)，开口处是一双打开的腿，供参观者进入参观内里的展览。

《娜娜》的美学也影响了桑法勒后来的创作《塔罗花园》（*Tarot Garden*），一座位于托斯卡纳的大型雕塑公园。她称之为自己的人生代表作。她也投身商业活动来资助自己的艺术创作，例如她在20世纪80年代设计了一款香水——它的瓶子是一根蓝色的管子，瓶塞是两条交缠的大蛇；在20世纪70年代创作了《娜娜》的缩小版充气游泳池，在布鲁明戴尔百货公司以各种尺寸出售。她创作的步伐时刻不停，穷尽所有可能的手法；她说："我不是那种可以改变社会的人，只能把这些令人愉快的、富有力量感的欢乐女性形象展现给观众。那就是我能做到的事情。"

威廉·梅里特·切斯 WILLIAM MERRITT CHASE

"我认为切斯是这样一个人，他鼓励个性，
给予学生们一种风格意识和创作自由。"

——乔治亚·奥基弗，《私人友谊》（*A Private Friendship*）第一部："走向阳光草原"，南希·霍普金斯·雷利 著，2014年

威廉·梅里特·切斯，1849年出生于印第安纳州一个"贫穷但令人自豪"的家庭，继而成长为一位最典型的西装革履的美男子。年轻时，他在父亲位于印第安纳波利斯的商店里向维多利亚时代的女士们推销鞋子，也曾是一位出色的销售员；后来，他坦言自己总是出售尺码过小的鞋子，以至于顾客很快又会回去找他。

成为有名望的上流社会画家之后，切斯开始习惯在格林威治村附近遛他的猎狼犬。1879年，他搬进了专供艺术家居留的纽约第十大街画室大楼（Studio Building），用各种稀奇有趣的物件将一间宽敞漂亮的工作室塞得满满当当：其中包括一只天鹅标本和一只火烈鸟标本、来自非洲和日本的面具、挂毯和威尼斯窗帘。这间富有特色的工作室，灵感来自他1872年的慕尼黑之旅。当时他在慕尼黑美术学院度过了一段时光，用来打磨

→威廉·梅里特·切斯，摄于1900年

HAESELER

自己的绘画技术，并养成了欧洲艺术家的创作习惯，也就是把工作室也打造为创意表达的一部分。切斯的工作室成了他才华的一种延展。那是一个奢华而富丽堂皇的工作场所。

在第十大街，切斯接待客人、举办派对，上演一幕幕活色生香的场景。在这些场合，他会穿着精美的服饰，比如“天鹅绒马裤和折边领衬衫”。画画时他穿一身白色法兰绒套装；当他出门去市镇的时候，他更是打扮得完美无瑕：一顶高帽，一双带鞋罩的鞋，脖子上用黑色丝绸带挂着一副夹鼻眼镜。约翰·辛格·萨金特（John Singer Sargent）在1903年时为切斯画的肖像画中，他身穿燕尾服，戴着白色领带，手持一支画笔和调色盘，炫耀着自己修剪得无懈可击的八字胡。《在四号大道工作室的自画像》（*Self-Portrait in 4th Avenue Studio*, 1915年）绘于他67岁即将溘然离世之前，展现了切斯标志性的优雅风度：内衬一件棕色天鹅绒领便服，外穿黑色正式套装，恰到好处的面部毛发和单片眼镜，构成了他那留存于时光中的独特风度。切斯打造了具有辨识度的人设，并用他想让世界记住他的方式去描绘自己。

至于画中出现的女士服装，切斯更是极具专业眼光。他为那些穿着新潮的美国上流社会女性所作的画像十分出名。与那个时代的传统有所不同，许多模特在切斯开明的画作中摆出富有张力而不受拘束的姿态；讽刺的是做出这些动作时她们通常穿着限制行动的华丽服装。这

↑从左往右：艺术家兼友人，莫提默·鲁丁顿·孟佩斯（Mortimer Luddington Menpes）、威廉·梅里特·切斯和詹姆斯·麦克尼尔·惠斯勒（James McNeill Whistler）。此图来自孟佩斯的著作《我所认识的惠斯勒》（*As I Knew Him*），1904年出版

"不要认为我会忽视那隐藏于面具之下的东西……但要相信，当外在得到正视，藏于表象之下的东西就会浮现在你的画布之上。"

——威廉·梅里特·切斯，《美国象征主义：十九世纪艺术与文学的研究新维度》
（*American Iconology: New Approaches to Nineteenth-Century Art and Literature*），
大卫·C. 米勒（David C. Miller）著，1995年

↑威廉·梅里特·切斯,《在四号大道工作室的自画像》, 1915年

样的形象是严格意义上富人之妻的形象，正如艾迪斯·华顿（Edith Wharton）在她所处时期的小说里描绘的模样。但切斯被那些坚定自信、开始打破传统女性束缚的妇女所吸引。《穿粉色衣服的女士像》（*Portrait of Lady in Pink*，1888年）是玛丽艾特·莱斯利·克顿（Mariette Leslie Cotton）的肖像画。她是切斯的学生，日后成了国际知名的艺术家。她也是美国新思潮女性中的一员，主张女性要主宰自己的生活。在切斯的画像里，她身穿饰有丝带和蝴蝶结的绸缎与薄纱制礼服；裙子本身有束胸，但她的姿态和表情却肆意飞扬。从画中，你也能看出这件高级定制时装令人赞叹的手工艺。

切斯于1896年在纽约成立了切斯艺术学校；后来更名为帕森斯设计学校，校友包括汤姆·福特、马克·雅可布斯和唐纳·卡兰。

切斯的学生，乔治亚·奥基弗曾说："切斯内心有某种新鲜、充满活力、狂躁又兴奋的品质促使他不断前行。"他还教过爱德华·霍普（Edward Hopper），后者在自己的商务名片上提到了这一经历。

通过分析切斯的作品，我们能够一窥19世纪末至20世纪初顶级衣橱中的服装。在他1879年为哈丽特·哈伯德·艾耶（Harriet Hubbard Ayer）所作的肖像画中，后者身着一条弗雷德里克·沃斯（Frederick Worth）设计的黑裙子；裙子的蕾丝袖子和薄纱喇叭袖口让人想起卡尔·拉格斐为Chanel设计的高级手工坊系列，展现出匠人精神、专业纺织品与绣花手工艺品之美。尽管身为富有的上流人士，艾耶本来不需要工作，可她后来成了女商人中的先驱，于1886年在美国创办了首家化妆品公司，后来还是一名成功的记者。《准备骑马》（*Ready for the Ride*，1877年）用早期绘画大师的风格和现代的笔触绘制：模特正准备骑上马背并戴上一副黄色皮质手套。她的装扮优雅但不复杂，是为偏坐在马鞍上的艰难骑行所设计的。尽管19世纪女性着装礼仪的规定非常严格，但模特直视的眼神却显得充满自信、毫无愧意，彰显着一个新纪元即将到来。

标志性造型：帽子

这些艺术家的标志性帽子，也是他们艺术创作理念的体现。约瑟夫博伊尔的艺术形式覆盖了多种媒介，从装置到利用日常物品创作的雕塑，他在其中注入了自己的“社会艺术”理念。他的卷檐软呢帽也是艺术理念的一部分。玛格利特那顶正式的礼帽，展现出其作品中的幽默与超现实主义；而布鲁斯·瑙曼的牛仔帽，不免让人想起他是如何大胆地创作了那些影响深远的颠覆性作品。格雷森·佩里以陶瓷艺术著称，用作品挑战世俗观念和政治体制，在出席公开场合时，他常常会打扮成自己的另一个人格克莱尔；并在一身充满争议的造型之上，以一顶系带女帽来完成点睛之笔。

约瑟夫·博伊斯JOSEPH BEUYS

德国艺术家约瑟夫·博伊斯被他的祖国同胞昵称为“戴帽子的人”，因此他每次出现在人们视野中，永远都戴着一顶购自伦敦Lock & Co的卷檐软呢帽；这是全世界最古老的帽子店，始创于1676年。每次有人找他签名，他都会龙飞凤舞地写下自己的名字，并在旁边勾勒一顶帽子的轮廓；他的帽子通常是灰色、卡其色，或各种深深浅浅的黑色。尽管他的创作涉及不同的媒介形式，但据说他曾说，“用一顶帽子就够了”。除了软毡帽之外，他的衣橱里还有很多长款厚外套、毛皮领子、厚重的靴子、无袖功能夹克，以及毛毡西装，它们组成艺术家的标

↑约瑟夫·博伊斯，1982年6月

志性形象。博伊斯有着电影明星般立体的颧骨、明显的少年气息，以及永远紧锁的眉头，这也就难怪时尚界难以抵挡他的魅力。Rick Owens 2015秋季系列的灵感就来自艺术家1974年的表演艺术“我爱美国，美国爱我”（*I Like America and America Likes Me*），在这场表演中，博伊斯被包裹在毛毡里，和一头活的郊狼一同在一间画廊的展览橱窗里共度了三天。欧文斯曾坦白地表达过自己对博伊斯的“迷恋”，他说：“我很努力地想要展现出约瑟夫·博伊斯那种灰色、柔软的包裹毯子。”比利时设计师团队A.F. Vandervorst从创立开始就以博伊斯作为灵感来源：2012年，他们在T台上展现出一个博伊斯的女性形象，头戴斯蒂芬·琼斯设计的毛毡帽，披着兔毛围巾。在这场发布会中同时还再现了博伊斯的《毛毡西装》（*Felt Suit*, 1970年），这件作品是用压制毛毡复制的艺术家本人的西装。

布鲁斯·瑙曼 Bruce Nauman

布鲁斯·瑙曼不喜欢自己的私人空间被干扰。这位创作涉及多种媒介的艺术家与他的妻子、画家苏珊·罗森伯格（Susan Rothenberg）生活在新墨西哥州加利斯托附近一个小镇700英亩的土地上，设计师汤姆·福特在这里拥有一片巨大的牧场。他们生活的地方，与

↑布鲁斯·瑙曼，新墨西哥州，1983年6月。肖像摄影：弗朗索瓦·勒迪亚斯科恩（Francois Diascorn）

“提摩太号”游艇完全是两个世界：2009年威尼斯双年展期间，Missoni为布鲁斯·瑙曼在这艘游艇上举办晚宴，包括卡琳·洛菲德（Carine Roitfeld）和伦佐·罗素（Renzo Rosso）在内的时尚界名流都在此觥筹交错。他们在此庆祝瑙曼获得当年双年展的金狮奖。在他建造的拓扑花园（Topological Gardens）中，陈列着这位艺术家过往的诸多作品，包括霓虹灯标志牌“恶与善”（*Vices and Virtues*，1983年），以及两件声音装置作品*Days*和*Giorni*。瑙曼的创作总是求新、求变，不断挑战形式。但他的帽子却总是一成不变。他戴着一顶粗犷的斯特森宽边帽，是从Nudie's Rodeo Tailors买来的；包括约翰·韦恩（John Wayne）和猫王（Elvis Presley）在内的明星，都穿过这个品牌的衣服。1990年，他创作了一件令人不安的影像装置作品，名为“在你的帽子里拉屎，椅子上的头”（*Shit in Your Hat-Head on a Chair*），一个男女莫辨的哑剧演员毫无感情地重复如下指令：“坐在你的帽子上，双手抱头，在你的帽子里拉屎。”

格雷森·佩里GRAYSON PERRY

格雷森·佩里喜欢甜美风格的帽子，最好是装点满了蝴蝶结、花朵、蕾丝、缎子和丝带的系带女帽。这种帽子，可能只有痴迷于日本洛丽塔亚文化的人才会戴—那么可爱，那么娇俏，通常是粉色、淡紫色和水蓝色的粉彩色调，再加上一点维多利亚风格的细节。每当佩里打扮成他的另一个人格克莱尔（Claire）的时候，就会戴上这样的帽子。多年来，佩里一直借助于克拉尔这一化身练习自己的穿搭技巧；十岁时，他向姐姐借了一件连衣裙；15岁时，他戴着假发、穿着网球鞋抛头露面。而现在，他的癖好已经广为人知；2005年，他甚至穿成克莱尔

的样子，为*Spoon*杂志报道Chanel时装发布会。2017年，利物浦沃克画廊举办展览“让自己成为克莱尔：格雷森·佩里的礼服”，其中展示了12件他最喜欢的服装和帽子，其中有些是他自己设计的，有些出自伦敦中央圣马丁学院的学生之手。然而，他的头饰不仅仅是装饰，或用来引人注意，他在2005年的一次采访中表示自己已经有点耳聋，“除了继续戴帽子和助听器，我真的无能为力。至少帽子很漂亮！”2014年，他在白金汉宫接受伊丽莎白女王颁发的英国女王勋章时，他没有坚持平时的浮夸风格，而是选择了一顶较为保守的宽边镶鸵鸟毛帽子。

勒内·马格利特René Magritte

勒内·马格利特的《人类之子》(*Son of Man*, 1964年)是最著名、最为人所知的超现实主义艺术作品之一。画中的男人戴着一顶圆顶礼帽，系着一条红领带，身穿一件大衣，脸部被一只绿色的苹果遮住；这个男人，当然，毫无疑问就是马格利特本人。你一眼就能认出他的形象：这位艺术家永远戴着一顶圆顶礼帽，并在许多绘画作品中以这顶帽子作为创作对象。与《人类之子》同年的作品《戴帽子的男人》(*Man in Bowler Hat*)中，男人的脸被一只白鸟遮挡；在1955年的画作《地平线之谜》(*The Mysteries of the Horizon*)中，三个戴圆顶礼帽的男人站在三轮新月之下。这种充满中产阶级特色的帽子似乎格外适合艺术家对荒诞的刻画。马格利特作品中的意象有很

↑格雷森·佩里在一年一度的蛇形画廊夏日派对上，蛇形画廊，伦敦，2011年6月

多都是服装：《红色模型》（*The Red Model*, 1934年）中是一双变形为赤脚的靴子，Comme des Garçons 2009系列中，同样也有着看起来像脚的鞋子。Opening Ceremony 2014“这不是衬衫”（*Ceci ne-pas un Shirt*）系列则是在半裙、连衣裙、棒球夹克、T恤和毛衣上，印上了马格利特的作品。2016年，配饰设计师奥林匹亚·勒-坦（Olympia Le-Tan）在真丝绣花手袋上装点了马格利特的著名作品，包括《绘画对象：眼镜》（*Objet Peint: Oeil*）中的女人眼睛。马格利特本人亦是一个讲究着装的人，总是衣冠楚楚，衬衫、领带和围巾齐齐整整。他也投身时尚界；作为一名商业艺术家，他为总部设在布鲁塞尔的时装品牌Norine创作视觉形象，并与比利时超现实主义诗人保罗·努捷（Paul Nougé）合作，为Maison Samuel 1928皮草系列设计了时装目录。这本目录被认为是视觉艺术与高端时装跨界合作的经典案例。

↑ 勒内·马格利特和他的画作《未开化的人》（*Le Barbare*），1938年

辛迪·舍曼
CINDY SHERMAN

我想我的工作主要是关于女性在媒介中所呈现出的形象；
当然，你在时尚圈和电影中应该很少会看见较为年长或者年老的女性。
这就是我要表现的一个方面。

——辛迪·舍曼，《卫报》，2016年7月

时尚界热爱辛迪·舍曼。每当设计师品牌出了一些新品，如果可能符合她"超凡的品位"，他们都会给她打电话。拉夫·西蒙说她对自己影响很大，并在自己的纽约办公室里挂了一张她的作品。2017年，在拉夫·西蒙为Calvin Klein举办的第一场发布会上，这位艺术家就坐在秀场的头排。作为回报，几个月后拉夫·西蒙在大都会博物馆年度慈善晚会上给辛迪·舍曼穿上了一套订制产品线Calvin Klein By Appointment的衣服。在这场时尚界最高级别的派对上，她身穿一身印花两件套裤装和高跟鞋，展现出纽约上城前卫而时髦的极致风格。与舍曼一同出席的，还有拉夫·西蒙其他的圈内好友，比如说唱歌手ASAP Rocky和演员格温妮斯·帕特洛（Gwyneth Paltrow）。作为艺术和时尚圈的顶级人物之一，她还在2008年为Louis Vuitton设计了一款手袋，当时就迅速售罄，现在已经是收藏级别的单

→辛迪·舍曼，巴黎时装周，2014年3月

品。2011年，她和MAC合作推出了一系列彩妆，包括被称为“肉欲粉”（Flesh-Pot Pale）和“灰烬紫”（Ash Violet）的唇膏。

1954年，辛迪・舍曼出生于新泽西州；作为艺术家，她一直通过穿上各种各样的服装、化上浓厚艳丽的妆容来把自己塑造成不同的身份。因为她和时尚界天然就有着密不可分的联系。她认为自己对于身份探索的关注来自童年时期：作为家中五个孩子里最小的一个，她需要引起父母的关注。但辛迪・舍曼个人的着装风格却是鲜明的。她与时装设计师们合作已经超过30年。开始是在1983年，她为*Interview*杂志创作了一系列图像，在这组作品中，她身穿着来自戴安・本森精品店的三宅一生、Comme des Garçons和Jean-Paul Gaultier时装。这次拍摄展现了时尚界对她的形象设定。辛迪・舍曼被这些服装迷住了。她在2016年*Harper's Bazaar*的一次访谈中说：“这些衣服都太怪了，特别是Comme des Garçons。我说：‘这套看起来像是女流浪汉的衣服’——上面全是洞啊、口子啊，有种海盗装的感觉。有点丑，丑里又有种美感。我被迷住了。”10年后的1993年，她又受到*Harper's Bazaar*的委托，创作了一系列名为“辛迪・舍曼系列”的自拍肖像。在这组作品中，她身穿各种新季的时装，包括Dolce & Gabbana的拼贴布套装和Vivienne Westwood的晚礼服。在其中一张照片中，她还头顶着一件内衣。

在辛迪・舍曼1997年的恐怖电影《办公室杀手》（*Office Killer*）中，莫莉・林沃尔德（Molly Ringwald）扮演的文案编辑在失手杀了同事后，成了一名大肆杀戮者。辛迪・舍曼坚称，自己最理想的墓志铭是：“她终于找到了最完美的造型。”

辛迪・舍曼的密友还包括纳西索・罗德里格斯（Narciso Rodriguez），在时装评论员凯西・霍琳（Cathy Horyn）为*Harper's Bazaar*做的一次采访中，纳西索・罗德里格斯说：“跟她谈论时尚很谈得来，她知道很多。”作为一名通过肖像照表达理念的艺术家，辛迪・舍曼对自己的造型显然很有主意。尽管

“当我还是个孩子的时候，大概十岁左右，我拥有一箱子旧衣服，里面有旧的舞会礼服裙之类的，我就用这些衣服打扮自己。此外，我还从地下室里找到了去世的祖母留下的一些旧衣服。那些衣服甚至有可能是我曾祖母的，因为真的是很旧很旧了，像是上个世纪初的东西。我穿上这些衣服，就变成一个老太太。我还拍了照片。我的朋友和我打扮成老太太，穿成这样在家附近走来走去。但是随后我发现，我的朋友们都开始打扮成芭蕾舞者或者公主，我却还是更喜欢打扮成怪物或者巫婆，那些丑东西。”

——辛迪·舍曼，*System*，2014年

我不认为我可以通过别人的眼睛看世界，但我可以捕捉到一种态度、一种样貌，让别人认为我可以。我对于人们为什么选择打扮成某种样子非常感兴趣。但我不可能知道他们都经历了什么。

——辛迪·舍曼，*Interview*，2008年11月

她认为对于时装品牌来说，艺术品有时只是“很酷的点缀”，但辛迪·舍曼还是会穿着顶级时装品牌，并找到适合自己的风格。在20世纪80年代，她第一次购买巴黎设计师的单品，那是一件Jean-Paul Gaultier的西装。但确立自己的个人风格需要时间。就像她在2016年英国《观察者》的一次采访中说的那样，“我想，我花了很长时间才搞清楚自己是谁，我需要什么；在很长一段时间内，我作品中的形象都在问同样的问题：也许这就是我想成为的人？”

舍曼理解创新风格的复杂性。她非常喜欢创始人康苏埃

↑ Cindy Sherman和设计师Azzedine Alaèa（中）以及路易威登的设计师Nicolas Ghesquire，巴黎时装周，2014年3月

拉·卡斯蒂隆（Consuela Castiglioni）掌舵时期的Marni；那时的Marni精彩纷呈，但穿起来却带着点怪异和另类。在康苏埃拉·卡斯蒂隆于2016年离开之前，Marni的时装充满了几何图形，有大量的印花、高灰度的颜色和复杂的廓形，深受知识分子阶层的喜爱。辛迪·舍曼对于乐趣的理解，就是“去Marni买上四大袋子衣服，等着第二天收货”。深受她喜爱的品牌还包括Prada, Stella McCartney和Jil Sander，这些品牌都以适合有思考的女性而著称。

辛迪·舍曼对于时尚显然有自己的思考。在1994年《纽约时报》一次访谈中，她说：“时尚产业中对于形象的表达已经改变了我们思考的方式，我们会认为能穿上那些衣服的人，一定要是瘦的、美的，总之是不像个真实的人的。”辛迪·舍曼在本世纪为*Harper's Bazaar*创作的内容还包括“旋转计划”（Project Twirl），在这组作品中，她打扮成一个街拍博主，穿着Chanel和Miu Miu的时装。一方面，她以此讽刺人们在社交网络上做作的着装；另一方面，这也展现出她其实非常享受穿着这些衣服。Marc Jacobs的靴子“非常棒”，她也喜欢拍摄中出现的绿色Gucci套装，“非常醒目，就像是我平时会穿的衣服……背后还有一条蛇，酷极了”。

罗伯特·劳申伯格 ROBERT RAUSCHENBERG

把事情搞砸是一种美德……做对的事情不重要。

——罗伯特·劳申伯格，摘自《我过度的秘密》(*Secret of My Excess*)，迈克尔·金梅尔曼(Michael Kimmelman)撰文。《卫报》，2000年

1925年，罗伯特·劳申伯格出生于得克萨斯州亚瑟港的一个底层家庭。他的家人都是基督徒，每个礼拜天都会去两次教堂。而母亲朵拉，当时还经常用各种零碎布头为当时还被称为米尔顿(1947年他改名为鲍勃，之后又改为罗伯特)的劳申伯格做衣服。没有人鼓励他从事艺术，但在他2008年去世之际，他已被人们称为"当代艺术的祖父"。他记录下了美国文化的版图，展示了媒介和消费是如何改变生活。科技发展带来的信息洪流和廉价的进口商品，带来无可逆转的全球化，改变人们的感官，劳申伯格也随之改变了他的艺术技法——绘画，拼贴，丝网印刷和雕塑——以此展现他眼中的社会全景。他的人生和创作都映射了他所处的世界。他著名的系列作品"混合艺术"(Combines)中，有旧袜子、运动鞋、领带和穿坏的衣服，组合以漫画书碎片、广告招贴画，甚至还有一只山羊标本。似乎劳

→罗伯特·劳申伯格，1975年

申伯格用上了他能搞到的所有东西。他把自己视作了一名记者。

劳申伯格的着装风格属于美式时尚。在1965年10月*Vogue*杂志的一次访问中，劳伦斯·阿洛韦表示："劳申伯格似乎在穿美式经典休闲装的时候最自在。这种通过西部电影和美国大兵传播到全世界的风格，其中包括了斜纹棉布长裤、T恤或工装衬衫、手表、运动鞋。当西装穿在他身上的时候，并没有常青藤出身的那种制服带来的拘束感，而是展现出一种质朴的个人态度。他各种穿牛仔服的造型也都很不错，其中最有魅力的当属用短裤搭配蛇皮牛仔靴、马球领毛衣和休闲外套，这也是他在20世纪70年代最具有标志性的形象。而劳申伯格的标志性着装细节，是整整齐齐卷起来的袖口。他相当具有自我驱动性，终生都在不断创作和革新。就像*Vogue*在1977年的报道中写的那样，他所取得的每一点进步，都"见证了他所处的时代"。

1946年，劳申伯格在洛杉矶一家泳装工厂当包装工人。他在那里工作的时候，厂里的助理设计师帕特·皮尔曼断言，劳申伯格完全可以成为一名艺术家。

20世纪50年代初，劳申伯格还没有收获太多声望和金钱。他曾和当时的搭档贾斯珀·约翰（Jasper John）一同，为Bonwit Teller百货公司担任橱窗设计师，为其中的时尚陈列带来戏剧性与艺术气息。他们也曾为蒂芙尼工作；当时品牌的艺术总监吉恩·穆尔（Gene Moore）非常欣赏他们的作品，在1998年去世之前曾说："我个人最喜欢的是一组描绘了街景的橱窗设计……展现出冒险和探索的精神。"

作为艺术界的多面手，劳申伯格还是一位优秀的舞者和编舞。他曾是康宁汉舞团的常驻成员和戏服设计师；他在1964年威尼斯双年展上获得大奖之后，曾说舞团的舞者是他"最重要的画布"。在舞蹈《滑稽聚会》（*Antic Meet*，1958年）中，他让康宁汉（Cunningham）穿上了一身上面固定着一把椅子的有史以来第一次，我没有为美丽或优雅的景象感到尴尬，因为当你看见有个人仅有的财产就是一块毯子，那恰好是一块美丽的粉色真丝毯子，美丽就不再是它唯一的属性……我总是说，你不应该有偏见，不应该有分别心。但在此之前……我没法使用紫色，因为它太美丽了。

——罗伯特·劳申伯格，1975年印度之行后，来自《劳申伯格：艺术与生活》，作者Mary Lynn Kotz，1990年

↑ Erdem Moralioglu在这件连衣裙上的拼接细节与劳申伯格的剪贴美学有所类似；他也是将找到的材料重新搭配，创作出新的作品。图为这位设计师的成衣品牌ERDEM在伦敦时装周2017/18秋冬的秀场

黑色戏服。2008年《纽约时报》的一篇文章中，将这套戏服与川久保玲著名的1997“隆与肿”系列相提并论。1997年，她也为康宁汉舞团设计了戏服，这些戏服与这个系列有着类似的廓形。劳申伯格与Comme des Garçons的联系不止于此；1993年，他曾在巴黎身穿黑色马海毛圆领开衫和银色镶边裤子为Comme des Garçons 秋季男装系列走秀。此外，在劳申伯格的《迎风》(*Windward*，1963年）和《权力之地》(*The Seat of Authority*，1979年）等作品中所呈现出融合与并置的主题，以及分为多个层次的画面，同样也可以在川久保玲“大弟子”渡边淳弥的设计中看见劳申伯格的深远影响，最明显的就是他著名的拼贴装饰手法。

劳申伯格对于慈善生态的倡议显然走在了时代的前面。早在20世纪90年代创立自己的基金会时，他们就提出了当今时尚行业的行业领袖所关注的议题；比如纺织品制造过程中产生的废物和污染。这个基金会在世界各地留下了有益的遗产。它所传达的信息是：“通过创造性地解决问题，来创造一个可持续的世界。”而这一宗旨在大大小小的范围内都产生了影响，特别是影响了年轻的行业领袖。来自纽约的创意工作者迈克尔·莱德（Michael Laed），会用找寻到的碎布头来制作时装；他说：“用手头现有的材料做一些看起来很特别、很酷的东西，一点也不难。”包括Timberland在内的国际品牌也开始了自己的探索：比方说，在制鞋过程中回收再利用废旧轮胎。十多年来，汤姆福特也一直致力于建立一个对环境友好的品牌，他用公平贸易的羊毛为迈克尔·法斯宾德（Michael Fassbender）、布拉德利·库珀（Bradley Cooper）等名人朋友们设计了“环保礼服”。沃比·帕克（Warby Psrker）则是直接与劳申伯格基金会合作设计出ROCI墨镜系列，

1950年6月，劳申伯格和苏珊·威尔（Susanne Weil）举办婚礼。他穿着白色西装，打着白色领结，穿着白色皮鞋，以此搭配新娘的全白色套装。

ROCI代表着创立于20世纪80年代的劳申伯格海外文化交流中心（Rauschenberg Overseas Cultural Interchange）。这个2017年推出的系列，在色彩上让人想起劳申伯格的调色板；而每卖出一副，就会为需要的人群捐赠出一副。同时，收益的一部分也会捐赠给劳申伯格基金会。

劳申伯格在年轻时为创作艺术品而搜集材料时，肯定没有想到后来的这一切；但他的职业生涯对废弃物的再利用，对我们今天的消费主义文化，产生了巨大的影响。

亚历山大·罗德钦科 Alexander Rodchenko

我得给自己买顶该死的带檐礼帽。我不能戴着便帽到处走，
没有一个法国人戴这个，每个人都不以为然地看着我，以为我是个德国人。

——亚历山大·罗德钦科，写给瓦尔瓦拉·斯捷潘诺娃（Varvara Stepanova）的信，1925年4月1日

我们所穿的衣服，廓形和款式的流行永远在不断地被循环和再现；而T台很少出现全新的风潮。复古的风格就这样以不同的方式统治着我们的审美—只有面料的创新和技术才是进步之所在。但对于1917年布尔什维克革命之后的俄罗斯来说，事情不是这样的。亚历山大·罗德钦科和他同属于建构主义的伙伴们担负起了一项使命，那就是在生活的方方面面推倒、铲平沙皇俄国历史的影响，开辟一片全新的天地；这其中，当然也包括时装。从他的艺术、雕塑、摄影的平面设计中可以看出，他的宗旨在于实用性。同样，罗德钦科所设计出以传达新苏联乌托邦理想的服装，裁剪简单，注重功能性。其中作为原型样衣的是一件工作制服，使用粗厚的牛仔布，皮革镶边，并设计有四个大口袋，实用之余带有几分现代主义风貌。他和妻子瓦尔瓦拉·斯捷潘诺娃以及其他忠实的党员，他们在纸上设计出的

→亚历山大·罗德钦科，1924年

服装都没有办法投入量产：面料和机械设备紧缺，而这些建构主义艺术家理想中的前卫服装，一直都没能被广泛推广。相反，罗德钦科为戏剧作品创作的布景，比如弗拉基米尔·马亚科夫斯基（Vladimir Mayakovsky）的《臭虫》（*The Bedbug*），倒是成了他设计的试验田。他的私人服装是由斯捷潘诺娃缝制的，她拥有一台昂贵的辛格尔缝纫机。

罗德钦科的服装和他的艺术风格可谓一致；他那些震撼人心的艺术作品，有着醒目的线条，方方正正的图形，以及经过计算的比例。而他设计的那些廓形鲜明、风格中性的服装，也充满了这种强烈的乐观主义的精神。在这个时期，无论男女都追求一种积极进取、蓬勃向上的力量感。而在建构主义者的追求中，性感或是繁复的女装根本没有一席之地。罗德钦科设计的工作服，充斥着红黑的色块；这种红黑色块，也出现在后来他为1925年的《战舰波将金号》（*Battleship Potemkin*）等电影设计的平面作品，以及在此一年之前为冷兹出版社（Lengiz Publishing House）设计的著名海报“书！”之上。他所受到委托创作的宣传材料，目的都是营造一种关于未来的乐观精神。他创作的手段是实用主义的，产出的作品是多种多样的，而他对社会主义的支持是毫不动摇的。在列宁和斯大林的领导下，罗德钦科坚定不移地遵守党的路线：他做了他该做的事，尽己所能地为自己的国家进行宣传工作。

罗德钦科和毕加索只碰过一次面，那是1925年在巴黎的俄罗斯建构主义展览上。这两位艺术家由于语言不通，所以没能交流。

罗德钦科的这种原则与他的一切创作都息息相关。他的雕塑作品，如《第12号空间建筑》（*Spatial Constructions no.12*，1920年），使用了多种不同的材料，其中包括被切割成一圈圈圆环的胶合板，可以从二维平面展开成到三维立体形式，然后再折叠。他的绘画作品《纯粹红色，纯粹蓝色，纯粹黄色》（*Pure Red Color, Pure Blue Color, Pure Yellow Color,*

我想拍一些非常不可思议的照片，从来没人拍过的那种……这些照片既简单又复杂，会让人深受震撼……我必须做到这一点，这样摄影就会作为一种艺术形式被人们所认可。

——亚历山大·罗德钦科，日记档案，1934年3月14日

1921年）是他关于艺术已经“终结”的宣言，他那些扣人心弦的摄影作品，包括《楼梯》（*Stairs*, 1930年）和“少先队”系列（1932年）在内，都因其简洁而显得格外优雅和现代，让人们想起在20世纪70年代声势浩大的黑白摄影，比如赫尔穆特·牛顿（Helmut Newton）的作品。到了20世纪80年代，他的平面设计影响了包括*The Face*在内诸多杂志的美术风格；这些设计作品角度特别，多采用局部特写、充满整个版面的面部特写和简单直接的排版设计。*The Face*当时的艺术总监内维尔·布罗迪（Neville Brody）再次利用了罗德钦科的视觉元素，并在板式上沿用了他的平面设计。*The Face*在1985年刊登的大片“杀手”，主角是13岁的模特费利克斯·霍华德（Felix Howard），至今仍然被视为时尚杂志的经典封面。

对于当今的时尚风潮来说，罗德钦科可以说是既毫不相关，又息息相关。他的道德观和政治观可能与现在“自我一代”的消费主义风潮格格不入，但他的艺术理念却又那么超前。在20世纪60年代，意大利时装品牌Pucci受到建构主义以及当时席卷全球的青年浪潮（youthquake）影响，推出大色块撞色的宽松直筒连衣裙。对于时装设计来说，罗德钦科如同一座丰富的灵感宝藏，他的作品简单、强烈、清晰，如同激情四射的宣言。比如说，你很容易就能在俄罗斯设计师戈莎·鲁钦斯基（Gosha Rubchinskiy）的设计中看到罗德钦科的影响，他过去几季的作品中实在有太强烈的建构主义风格了。他在红黑色的运动服上使用了锤子与镰刀的意象，就像是罗德钦科设计的那种工作服，

毫无疑问象征着无产阶级以及苏联的历史。

在鲁钦斯基2016春夏系列中，贯穿了图形建构主义的元素。设计师根本没有想过隐藏这一点：同一年，人们看见鲁钦斯基带着坎耶·维斯特参观莫斯特的多媒体艺术美术馆，当时鲁钦斯基的作品正在这里展出。

罗德钦科是一个非常厉害的业余魔术师，他最喜欢的把戏就是“撕裂拇指”，利用手里的小道具，让拇指看起来像被切成了两半。

三宅一生的菱形和廓形以及1976年的茧形大衣，也都受到罗德钦科微妙的影响。三宅一生和包括山本耀司在内的其他日本设计师，在20世纪80年代早期将这种标志性的廓形带到了西方世界了；他们诠释女性气质的方式，与传统的巴黎时尚那种沙漏形状的曲线完全不同。讽刺的是，罗德钦科充满革命主义的设计灵感，偏偏在20世纪80年代充满金钱气息的时装浪潮中得到了最大限度的彰显；1988年在Thierry Mugler的T台上，那些巨大而光滑的垫肩体现的正是建构主义那种棱角分明的廓形。尽管罗德钦科认为名牌服装是资产阶级的缩影，对此需要格外提高警惕，但这两种创造形式在蒂埃里·穆格勒（Thierry Mugler）的理念中合二为一了：他希望他的“模特们可以比普通人更高大、更强壮”——正如同罗德钦科也希望自己的设计可以让大众更加富有力量。这位来自苏联的艺术家可能同意这一点，也可能不同意；但二者要传达的信息和借以传达的媒介都是一致的。

塔玛拉·德蓝碧嘉
TAMARA de LEMPICKA

没有奇迹可言，只有你自己的创造。

——塔玛拉·德蓝碧嘉，摘自《法西斯世界的艺术家》（*Artist of the Fascist Superworld*），由菲奥娜·麦卡锡（Fiona McCarthy）撰文，《卫报》电子版，2004年

塔玛拉·德蓝碧嘉充分体现了装饰艺术的理想；她那些风格鲜明、色调柔和的立体派绘画，闪烁着醒目的奢华光泽。这些作品中大量描绘了光彩夺目的社会名流和艺术家所深爱、所诱惑的众多情人，其中有男人，也有女人。1898年，蓝碧嘉出生于华沙，随后和她的律师丈夫在圣彼得堡居住了一段时间；1917年大革命后，两人逃离苏联。在搬到巴黎以后，她开始学习用艺术来谋生。她创作的画作中，都是些身穿高级时装的女性，包括让·巴杜（Jean Patou）的针织衫、维奥内特夫人（Madame Vionnet）的丝质斜裁连衣裙。在1930年一幅描绘德蓝碧嘉的情人艾拉·佩罗特（Ira Perrot）的画里，主人公身穿着一件白色缎面紧身不对称荷叶边长袍，这是一套完美的银幕造型，也是德蓝碧嘉经常会在公共场合穿着的衣服。德蓝碧嘉过着一种光彩夺目的时髦生活，这种生活方式忠实地体现在她那

→塔玛拉·德蓝碧嘉，巴黎，1932年

些美妙的画作和时装之中。她通过穿衣打扮人引人注目，并得以与最美丽、最聪明的人相伴。在美国作家娜塔莉·巴尼（Natalie Barney）举办的茶会沙龙中，德蓝碧嘉是一位常客，她在这里与让·谷克多（Jean Cocteau）、玛切萨·路易莎·卡萨蒂（Marchesa Luisa Casati）等人相会，而后者还将她介绍给了摄影师阿道夫·德·梅耶男爵（Baron Adolph de Meyer）和诗人加布里埃尔·德阿南齐奥（Gabriele D' Annunzio）。

在德蓝碧嘉的衣橱中，有最高级的时装品牌每季最精美的服装。她热爱帽子，最爱的帽匠当数罗丝·德卡（Rose Descat）；出自她的那些时髦帽子，有着类似于飞碟或餐盘的夸张造型，在欧洲和纽约的上流人士中广受欢迎。同时，德蓝碧嘉还拥有一些不那么讲究的钟形女帽或带面纱的"药盒"帽；她的帽子收藏塞满了整整几个橱柜。这位艺术家还很青睐巴黎设计师马塞尔·罗切斯（Marcel Rochas），他于1925年创立了自己的时装屋。德蓝碧嘉也常穿查尔斯·克里德（Charles Creed）设计的外套和貂皮大衣，把头发卷成了漂亮的金色发卷。

德蓝碧嘉著名的《自画像》（在绿色布加迪轿车里的塔玛拉，1929年）中那顶皮质司机帽原型来自爱马仕。

一些评论家认为，德蓝碧嘉并没有太高的艺术成就；她的作品过于具体到某个时刻。《新闻周刊》艺术评论家彼得·普拉金斯（Peter Plagens）写道，她是"最终的产品，而不是可以影响其他艺术家的艺术创造者"。时尚的本质注定会过时，但好的艺术必须要在时间中留存。如果说德蓝碧嘉的艺术作品流于表面，但她作为一名时髦的独立女性绽放过短暂而耀眼的光华，并借此在历史上留下了自己的位置。她的作品曾在世界各地展出：伦敦皇家艺术学院（2004年），维罗纳富提宫的钢琴馆（2015年）。此外，设计师多梅尼科·多尔奇（Domenico Dolce）和斯蒂芬诺·嘉班纳（Stefano Gabbana）等人也收藏了她的作品。他们的2000秋冬系列的灵感就是来自1997年斯蒂我是第一个能干净利落地画画的女人，这就是我成功的基础。哪怕这里有一百张画，我的那张也总是会脱颖而出。因此，画廊开始把我的作品挂在最好的展厅，而且往往是最中间的位置，因为我的画是那么的吸引人。它是那么珍贵。它是那么“完整”。

——塔玛拉·德蓝碧嘉，1925年，artquotes.com

芬诺送给多梅尼科的一幅德蓝碧嘉的油画。德蓝碧嘉简单地总结了自己从事艺术创作的目的。除了赚钱，她说："我的目标从来不是复制，而是创造一种新的风格，用明亮耀眼的颜色传递出模特的优雅气息。"

在德蓝碧嘉著名的《自画像》（又名《在绿色布加迪轿车里的塔玛拉》，1929年）中，可以感受到艺术家的现代主义风格。这件作品是为了德国时装杂志《女士》（*Die Dame*）而创作的；画面中栩栩如生地呈现出一位不受约束、自由自在的女人；她有点孤僻，有点冷漠，但是有钱又时髦。讽刺的是，德蓝碧嘉从未拥有过一辆布加迪；她的车是一辆黄色的雷诺（Renault），在一次晚上外出时被偷了。她的外表如同女王般富丽堂皇；她的艺术作品和个人着装都如同一场场勇敢的、令人印象深刻的、无视现实的演出。从装饰艺术流畅的线条和耀目的画面中，艺术家那种渴望成功、渴望取悦观众的野心昭然若揭。德蓝碧嘉希望在生活中获得成功；她的艺术和时尚品位都是那么现代，在革命和战争还没有熊熊燃烧的时代，足以取悦世人。

如今，德蓝碧嘉仍然是时装设计师的最爱，他们喜爱其作品中柔软而充满光泽的色调。对很多人来说，这就是时尚的真谛：想要通过着装打扮获得勇气，那就越光彩夺目越好。在画架前作画的德蓝碧嘉，身穿薄纱晚礼服、颈项中垂挂着四条珍珠项链、手臂上戴满了钻石手镯叮当作响；她为自己编织了一场梦。她的那幅《戴手套的女孩》（*Girl with Gloves*, 1929年），借由阿尔伯·埃尔巴兹（Alber Elbaz）之手在Lanvin 2014度假系列中完美再现：那是一条完美的现代绿色连衣裙，充满戏剧性，光彩夺目；该系列中还有一件单肩褶边曳地连衣裙，简直就是为德蓝碧嘉笔下的模特量身定制。彼得·科平（Peter Copping）执掌下的Nina Ricci 2011秋冬系列，同样也展现出了德蓝碧嘉的精髓，以及她对于马萨尔·罗莎（Marcel Rochas）那

←塔玛拉·德蓝碧嘉在她的画架前，20世纪30年代

种褶皱与荷叶边礼服的偏爱。作为德蓝碧嘉作品的藏家，麦当娜曾为马克・雅可布执掌下的Louis Vuitton 2009秋冬系列拍摄大片；在摄影师史蒂文・梅塞尔（Steven Meisel）的镜头中，她那双画着烟熏妆的魅惑的双眼，珠宝般流光溢彩的荷叶边连衣裙，以及闪耀着巨星光泽的卷发，一切都是如同是在德蓝碧嘉的画中。

德蓝碧嘉很清楚什么衣服穿起来好看；在她最好的青春年华，她还是一名时装模特，并且是奥地利摄影师多拉夫人（Madame D' Ora）的御用模特。在全情投入艺术事业之前，她还曾从事过时装插图的工作。通过描绘出更加雌雄同体的女性形象，例如精细而简约的《蓝色围巾》（*Blue Scarf*，20世纪30年代），或是《美人拉斐拉》（*La Belle Rafaela*，1927年）中丰腴的曲线玲珑的赤裸身体，她的艺术作品如今看来依然是那么富有当代性。

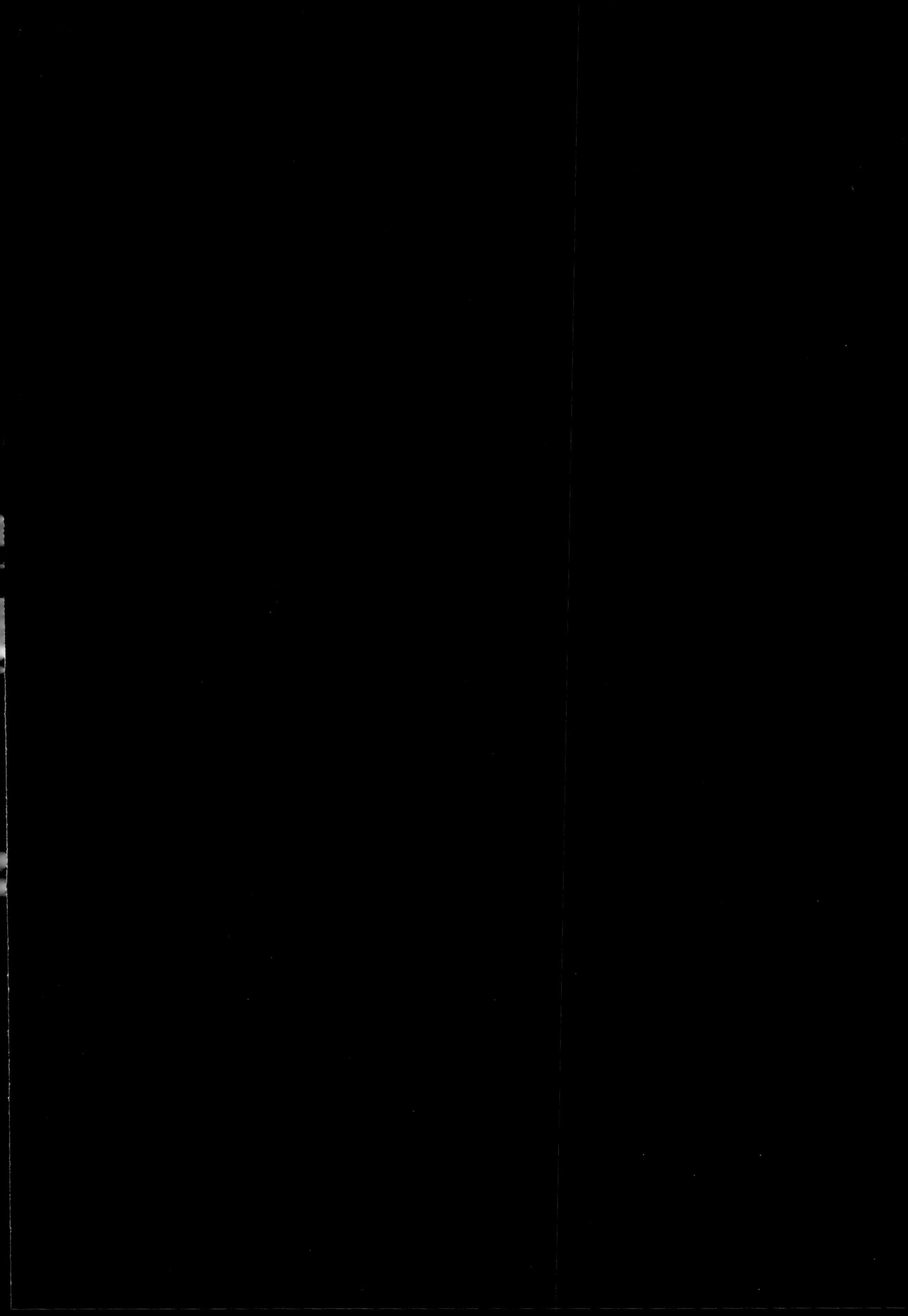

玛丽娜·阿布拉莫维奇
MARINA ABRAMOVIĆ

时尚从艺术中汲取能量，并且不断地重访不同的历史和艺术史。
设计师们如何将历史的创造力融合于当代审美，取决于他们的天赋。

——玛丽娜·阿布拉莫维奇，*AnOther*杂志，2010年12月

行为艺术家玛丽娜·阿布拉莫维奇上时尚杂志封面的次数，比很多超级模特梦寐以求的还多。她上过最有影响力的杂志，包括*V*、*POP*和*ELLE*等。在镜头面前，她会发光。她有乌黑发亮的头发，通常还抹着红唇和与之相配的指甲。1956年，她出生于塞尔维亚，她现在的生活精彩得令人目眩神迷：往来的都是创意产业的精英人士，穿搭也与她的地位相配—经常是高级定制和价值数千美元的手袋。而她最喜欢的香水则是Comme des Garçons的奇迹之木（Wonderwood）。

阿布拉莫维奇和音乐圈的关系也非常紧密。她将作品借予Jay-Z，后者在发布单曲《毕加索宝贝》（*Picasso Baby*）的时候，复刻了她曾于纽约佩斯画廊的表演。Lady Gaga也支持了移动艺术教育项目MAI（玛丽娜·阿布拉莫维奇行为艺术保护研究所）的启动基金活动。

→玛丽娜·阿布拉莫维奇和模特、作家克莉丝朵·雷恩（Crystal Renn），由杜桑·莱金（Dusan Reljin）拍摄，乌克兰版*Vogue*杂志，2014年8月

今天的阿布拉莫维奇对待时尚的态度，与年轻时候相比有了180度大转弯——在她行为艺术家的职业生涯中，潮流已是不可分割的一部分。2005年，在*Vogue*杂志采访中，阿布拉莫维奇穿了一件阿尔伯特·菲尔蒂（Alberta Ferretti）的毛衣，她解释说："在1988年的长城之行以前，我一直只想让观众看到我的一个侧面。很极端、不化妆、坚硬，有灵性。在那以后……有一瞬间，我突然决定把我的生活搬到舞台上，并享受这一切。我就说，为什么不呢？来吧！"从此，她再没回头看，不仅穿高级定制，还与时尚行业深度合作。她在高端活动上与大牌合作，比如与Costume National品牌合作了极乐艺术（the Art of Elysium）的慈善舞会"天堂"。她还拍电影，与运动品牌阿迪达斯于2014年进行了合作。她还创作了自己的限量版服装，并参加了美国国家艺术俱乐部的艺术胶囊项目。根据《女装日报》（*Women's Wear Daily*）2013年的报道，阿布拉莫维奇为项目设计了七件连体服，每件颜色不同但都鲜活，而且"衣服口袋里放着七块小磁石，位置对应身体上的能量点"。

阿布拉莫维奇很崇拜和她长相相近的玛丽亚·卡拉斯（Maria Callas）。她收藏了这位歌唱家的一些照片，照片里的玛丽亚和她长得很像。

《情人》（*The Lover*）是阿布拉莫维奇1988年的作品，展示了对忍耐的赞美。她从长城的最东端出发，走了1500英里，去见她从长城另一端走来的伴侣，德国行为艺术家弗兰克·乌韦·莱西彭（Frank Uwe Laysiepen，人称"乌雷"）。长城上相遇之后，他们分手了，结束了12年的爱情。随着这一项目的完成，阿布拉莫维奇似乎也结束了她对自己的压抑，她开始通过时尚表达自己的情感。她对作品的自信来源于她"不需要再向任何人证明任何事"。她这么总结自己对风格的看法："我是一个还不错的艺术家。我可以这么做。拥抱时尚让我感觉很自由。我并不以此为耻。"在为美国公共电视网（PBS）拍摄的系列片《艺术在21世纪》（*Art:21*）中，阿布拉莫维奇阐述了她对时尚最初的纠结心态："20世纪70年代，涂红唇，抹指甲油或者做任何和时尚相关的事，都被视作恶心的事情，好像你是个很差劲的艺术家一样。这让你看起来好像在试图以外表来证明你的作品无法证明的东西。这是绝对不行的。”随着时间流逝，她的态度发生了变化，或许是潜意识的。2010年，在*AnOther*杂志采访中，她说：“我一直对时尚有着隐秘的欲望，但我从来没对自己承认过。我第一次有钱的时候，买了一件山本耀司的衣服。穿着感觉很好，而且没感到内疚！”

如今她坦言，穿漂亮的衣服不会再让她感到焦虑，除了“唯一的问题是，所有衣服都是黑色的。打开我的衣柜，你什么也找不到”，2017年她在澳大利亚版*Harper's Bazaar*的采访中如是说。意大利设计师里卡多·提西（Riccardo Tisci）担任Givenchy创意总监12年，他和阿布拉莫维奇的友谊令人惊叹。阿布拉莫维奇作为艺术顾问，参与了里卡多·提西2015年以哈德逊河为背景、位于26号码头的大秀。提西对她赞不绝口，在2013年*Dazed*杂志电子版的采访中，他说：“对我而言，玛丽娜就像是这个世界。她是黑色也是白色的；浪漫并且坚硬的；美丽而丑陋的。她很优雅。她拥有玛莉亚卡拉（Mariacarla，意大利名模）的美，爱因斯坦的智慧，还有我母亲的温柔……她是个有趣、聪明、温暖的人。”提西以客座编辑身份参与了《视觉》（*Visionaire*）杂志2011年夏季刊，他用一幅照片赞美并解释了他们的创作关系。这张黑白的照片由马里奥·特斯蒂诺（Mario Testino）拍摄，照片中提西正在吮吸阿布拉莫维奇的乳头——以最直观的形式展现了艺术领域的相互纠缠。阿布拉莫维奇在刊中表示：“我告诉他，这么说吧：你承认时尚受到艺术的启发吗？那好，我是艺术，你是时尚，来吸我的奶吧！他很害羞，过了好一会儿，他还是来了。拍摄过程中，我把自己沉浸到一种状态中，好像我在释放那些给人灵感的艺术家的情感——明亮且坚定。艺术是赋予。艺术是滋养。艺术是社会中的氧气。”

2018年在《艺术新闻》（the Art Newspaper）采访中，阿布拉莫维奇说，当父亲把她从船上推落水中并把船划走的时候，她学会了游泳。

↑前纪梵希设计师里卡多·提西和他的缪斯们。左起：提西，歌手西亚拉（Ciara），演员、歌手班鲍（Bambou），模特迭戈·弗拉戈斯·卡里奥斯·林兹（Diego Fragoso Calheiros Lins），演员丽芙·泰勒（Liv Tyler），造型师班诺斯·亚盘尼斯（Panos Yiapanis），模特乔纳森·马尔盖斯（Jonathan Marquez）和玛莉亚卡拉·波高诺（Mariacarla Boscono），以及玛丽娜·阿布拉莫维奇，摄于W酒店，2010年9月

埃贡·席勒
EGON SCHIELE

他所有的焦虑都是有道理的，因为他没活很长。他28岁时去世了。
大多数艺术家在这个年纪才刚刚拿到硕士学位……但他已经死了，
他的妻子也死了，他大多数朋友都死了。如果他们没有得梅毒，
他们也会死于流感，死于肺结核，死于第一次世界大战。

——特雷西·埃敏（Tracey Emin），《卫报》，2017年6月

出生于奥地利的埃贡·席勒，堪称艺术界的兰波特。他是大卫·鲍伊1977年专辑《英雄》封面的灵感来源；这张封面上，流行歌星憔悴的五官、凹陷的脸颊和那双摆出特定手势的棱角分明的手，生动地再现了1904年摄影师安东·约瑟夫·特尔奇卡（Anton Josef Trkća）镜头中席勒的经典肖像。尽管这些作品都创作于20世纪初，但席勒的画现在看起来仍然很现代，并且影响了包括大卫·唐顿（David Downton）、比尔·多诺万（Bil Donovan）和理查德·汉斯（Richard Hanes）在内诸多时尚插画家。从14岁开始，英国艺术家特雷西·埃敏就痴迷于他的作品；她第一眼就被席勒所描绘出迷人的浪漫现实所吸引："我深深地受到他的影响，说起来简直好笑，当时我在创作一些

→安东·约瑟夫·特尔奇卡镜头中席勒的经典肖像，1914年

小幅作品……从中我学到了很多。”在2017年《卫报》在线的一次采访中，她这么说道。席勒同样也是时尚界摇滚青年的试金石。早年在Yves Saint Laurent工作的时候，艾迪·斯里曼（Hedi Slimane）致力于打造出一种瘦削的廓形，就如同直接从席勒的画布上走下来的那样。Slimane主持的2013春夏男装系列有一组广告大片，其中模特萨斯基亚·德·布劳夫（Saskia de Brauw）身穿黑色的铅笔窄身裤蜷缩在角落里，脸上流露出不安的神情；她那纤瘦细长的手指摆出特定的姿势。扭曲的手指，也是席勒笔下那些骨瘦如柴的模特们最具有代表性的象征。卡尔·拉格斐那种纤瘦的、棱角分明的廓形，也令人想起席勒的画作。

1906年，席勒16岁，进入维也纳艺术学院学习。他是这里历史上最小的学生，虽然没能毕业，却成立了一个被称为Neuekunstgruppe的社团（新艺术社团）。

席勒出身贫寒，却一直渴望能穿好看的衣服。年轻的时候，他会从硬纸板上剪下花哨的衬衫衣领，花费很少的钱给自己打造出与众不同的造型，以此来满足欲望。比起日常实穿的衣服，他会买更多时髦的服饰；从他存世不多的照片中，你一眼就可以看出他对时髦衣服的热爱。他总是穿着西装、衬衫，打着领带，头发全部往后梳；有时候他会把头发往前梳，梳出一个朋克范儿的尖角。席勒希望全世界都看到自己，因为画了不少自画像。《穿孔雀背心的自画像》（*Self-Portrait with a Peacock Waistcoat*，1910年）中，他身穿一件“明显不是他的背心；因为他很穷，他跟情人沃利·纽齐尔（Wally Neuzil）一同，生活在贫困潦倒之中”，克劳斯·阿尔布雷希特·施罗德（Klaus Albrecht Schröder）这么评价。施罗德是维也纳阿尔贝蒂纳博物馆的总监，2018年在博物馆内举办了席勒精选作品的纪念回顾展。他还说：“这幅画并不是他的真正形象，而是创作。他扮演着一个优雅男人的角色，这个男人通过他的艺术拯救了世界。”他的另一幅早期作品《穿衬衫的自画像》(*Self-Portrait in a Shirt*)同样非常具有代表性。这个年轻的艺术家把自己描绘成了一个拥有一双斑比小鹿那样的大眼睛、丘比特般丰润双唇的怀春少年，透过长长的睫毛向画面外凝视着。

除了许许多多的自画像外，席勒还画了不少工人阶级的女孩：憔悴，雌雄同体，对性毫不避讳——这是一个非常有用的特质，因为她们通常要靠性工作谋生。19世纪末的维也纳妓女云集。那些健康而富有的女性固然丰衣足食、曲线优美、身材匀称，但席勒从这些妓女身上发现了完全不同的迷人美感。尽管席勒以充满情色意味的裸体或半裸形象闻名，他的许多肖像画里都有波希米亚风格装束的身影，跟当时推崇粉彩色调和精致细节的主流风潮格格不入。1913年的作品《韦恩多夫小姐》(*A Miss Waerndorfer*)身穿一件宽松的红色波点衬衫，七分袖、斜斜的船领，肩头装点着漂亮的纽扣，看起来自由而时髦。1914年，席勒为弗里德里克·玛丽亚·比尔(Friederike Maria Beer)创作了肖像；这是一位一心想要当时最好的艺术家给自己画像的社会名流，在画中她头戴头巾，身穿着一件长及脚踝、色彩艳丽的筒裙。席勒巧妙地勾画出这一身先锋的服装。他还创作了一些插图：1910年，维纳·沃克斯特公司(Wiener Werkstätte)委托他创作时尚

这座城市一片漆黑，一切都靠死记硬背。我想一个人待着。我想去波希米亚森林。五月，六月，七月，八月，九月，十月。我必须看到新的事物，并研究它们。我想品尝暗域之水，亲眼看狂风大作，以及随之噼啪作响的树木。我想带着惊异之情，凝视发霉的花园栅栏。感到惊讶。我想要体验这一切，聆听年轻的白桦林以及其中瑟瑟发抖的树叶，看见光明和太阳，享受夜晚潮湿的蓝绿色的山谷，感受金鱼在闪闪发光，看到白云在天空中聚集，向花朵诉说心事。

——埃贡·席勒，写给安东·佩施卡(Anton Peschka)的信，1910年。

明信片，在这些明信片上，席勒用自己标志性的纤瘦轮廓和圣洁的线条，描绘出优雅的女性形象。这些绘画作品中，毫无现实的忧虑，只是单纯地描绘着美。

席勒激发了许多设计师的创作灵感。在2000年《纽约时报》的一篇文章中，约翰·加利亚诺说这位艺术家“从我学生时代开始，就一直不断给我带来灵感。无论是从精神层面，还是从他作品的色彩和线条上，都极具美感”。席勒对于加利亚诺

↑ 埃贡·席勒，《穿孔雀背心站立的自画像》，1911年

在Dior时期创作的作品影响非常显著：在2004年高定发布会之后，他对*Vogue*杂志的萨拉·摩尔（Sarah Mower）说："我去维也纳考察旅行，然后去看了埃贡·席勒。"莎拉·伯顿为Alexander McQueen 2013系列设计的服装，则借鉴了席勒的导师古斯塔夫·克里姆特（Gustav Klimt）的视觉语言；不过，正如她告诉苏西·门克斯（Suzy Menkes）的那样，她也是希勒的忠实粉丝，其作品同样也是这个系列的灵感来源。

由于画面太过具有挑衅性，伦敦地铁拒绝展示2015年考托画廊（Courtauld Gallery）举办席勒画展的广告。

《天桥风云》（*Project Runway*）参赛设计师、现在已经是美国时装设计师委员会一员的丹尼尔·沃索维奇（Daniel Vosovic），在2013年春季系列中也向席勒寻求灵感：将他早期作品中的局部印在土黄色的连衣裙上。在评价Dries van Noten 2007秋冬男装系列时，哈米什·鲍尔斯（Hamish Bowles）称之为"埃贡·席勒遇上闪亮风潮"。在蒂姆·沃克（Tim Walker）2017年5月为*i-D*杂志拍摄的一组大片中，极尽瘦削的模特身穿着Gucci、Margiela和Gosha Rubchinskiy的服装，打造出席勒式的造型，将他的美学展现得淋漓尽致。

2011年，理查德·阿维登（Richard Avedon）在拿骚艺术博物馆（Nassau County Museum of Art）举办的影响力摄影师展；在《纽约时报》的评论中，他这样总结席勒对21世纪的影响，他说："席勒的作品直率而复杂，背离了传统肖像画中奉承和虚伪的属性。"这位艺术家的视觉语言在20世纪初期显得格外先锋，到了世纪末依然有深远影响。这段时期，非传统的和丑陋的意象被认为是有趣和新鲜的。举例说明：20世纪90年代，尤尔根·特勒（Juergen Teller）和科琳娜·戴（Corinne Day）的实验性摄影作品开创了时尚的新范式；从某种意义上他们也追随了席勒的脚步，开启了我们的视野，让我们认识到不同和奇特的视觉语言也值得被欣赏。

乔治亚·奥基弗
GEORGIA O'KEEFFE

她（奥基弗）非常高兴，画着一些极其膨胀的东西。她穿着蓝色衬衫和黑色背心、戴着黑帽子出去骑马，在雷雨云下到处乱跑——我可以告诉你，这很重要。

——安塞尔·亚当斯（Ansel Adams），写给阿尔弗雷德·斯蒂格利茨（Alfred Stieglitz）的信，1937年

奥基弗的作品省略了一切冗余的部分：大胆、直接、生动地传递着其中的信息和审美理念。她会一遍遍描绘同样的主题。她的衣橱是出了名的单调：她总换着穿同样的衣服；当她发现自己喜欢的东西，就会一直用下去。1887年，奥基弗出生于美国威斯康星州；一个多世纪后的2015年，*Vogue*杂志美国版形容这位艺术家优雅极简的风格是"西南部修道院式的简约"。2017年，布鲁克林博物馆围绕她的服装举办了一场名为"现代生活"的展览，策展人旺达·科恩（Wanda Korn）则在*AnOther*杂志的采访中说，奥基弗的"风格可以帮助我们仔细观察当时其他女性的穿着，因为她从不想落后于时尚潮流，她希望……穿戴得非常时髦。"

她在20世纪50年代喜欢的设计师是克莱尔·麦卡德尔（Claire McCardell），这位设计师是参与建立美国时装行业的

→乔治亚·奥基弗，1930年

即使是在80岁的高龄，奥基弗都能杀死响尾蛇……她就像任何一个普通的西部人一样，开着一辆有空调的汽车从位于阿比奎（Abiquiu）的新房子去到自己在西部的第一个家。她很早就起床，吃得不多，保持着衣服年龄只有她一半的女人都会羡慕的体型，穿着经典而简洁……看起来一点都不土气，处处都很精致，她就是这样，总是比同时代的人更加时髦。

——E.C.古森（E.C. Goossen），《奥基弗》（*O'Keeffe*），美国版*Vogue*杂志，1967年3月

时尚先锋，摒弃了华丽的、过分女性化的巴黎传统时尚，以及当时新兴的“新风貌”潮流。麦卡德尔做的女装很简单，但却优雅、易穿、不张扬。她的风格非常适合奥基弗的个性，特别是这位设计师最经典的“家事服”（Popover，用耐洗结实的斜纹布制的围裹式连衣裙）。这种连衣裙首创于1942年，奥基弗在新墨西哥州的牧场里最喜欢穿的衣服与此非常类似。她一直穿着这种版型的连衣裙，用一根塔斯科（Taxco）出产的Hector Aguilar牌银质腰带系在腰间。其中有些连衣裙是艳丽的黄色或粉色调；要知道，奥基弗的衣橱里可不只像她那些朴素的“公关”肖像里那样，仅仅有黑白两色。她经常会找到一条喜欢的衣服，直接复制出来或是把它做成属于自己的版本。无论是作画还是骑马，她都会穿舒适、使用的工装：牛仔套装（上衣和长裤），搭配纳瓦霍部落风格或传统印花图案的衬衫，以及几何图案的编织腰带。奥基弗最著名的一张照片，是安塞尔·亚当斯（Ansel Adams）所拍摄的她和牛仔奥维尔·考克斯（Orville Cox）的合影；在这张照片中，她戴着一顶黑色宽檐牛仔帽。如果出现在一本时尚杂志的版面上，这顶帽子也许是一种引人注意的宣言，但在新墨西哥州猛烈的阳光下，它则是一件有用的日常配饰。

1929年，奥基弗学会了开车，买了辆福特A型车，把它命名为Hello。奥基弗还拥有一本詹姆斯·乔伊斯（James Joyce）的初版著作《尤利西斯》（*Ulysses*）。

奥基弗留下的风格遗产是如此的独特和清晰：她喜欢色彩鲜明的纯色、宽松服装，最好有口袋，并装饰着银胸针或搭扣。她有时也会选择一些更创新、更前卫的衣服。1946年，她的丈夫阿尔弗雷德·斯蒂格利茨（Alfred Stieglitz）去世后，奥基弗开始周游世界，当她1950年代从西班牙回来时，带回来一套Eisa的西装。Eisa是克里斯托巴尔·巴伦西亚加（Cristobál Balenciaga）的第一家时装屋，创建于西班牙内战前夕。这套西装简单、朴素，但却有着巴伦西亚加的大师级精确剪裁，令人爱不释手。这套极致而时髦的衣服，展现出奥基弗卓越的时尚品位。

奥基弗的着装品位，源于她非常确信自己喜欢什么、适合什么。和几位思想非常超前的时尚专家一样，奥基弗从20世纪初就开始收藏和穿着日本和服，和服的造型也预示了她后来喜爱的那种服装款式。保罗·波烈也是在差不多时期开始在巴黎制作和服；这位把女人们的身体从紧身胸衣中解放出来的男人开创了这样的先河，紧随其后的正是为女性时尚打破19世纪禁锢的香奈儿小姐。奥基弗自己很早就丢弃了紧身胸衣：对于一个生长于威斯康星州的小女孩来说，它们与她所喜爱的那些使用方便的版型格格不入。晚年，她求助于维也纳裁缝珂尼兹（Knize），此人曾为哈布斯堡大公缝制衣服，每一套西装至少有七千针手缝针脚。作为男装裁缝，珂尼兹直到20世纪90年代才开始接待女性客户。但玛琳黛德丽和奥基弗等人却是例外，很早就委托他制作夹克、长裤和半裙。从这些用美丽羊毛面料制作的衣物中，奥基弗找到了符合自己高标准的风格。那就是和男装一样的女装，这也是她想要的样子。

从她职业生涯的早期，时尚和造型界就开始对奥基弗产生了兴趣。1924年，*Vogue*杂志刊登了一篇关于她的专栏文章，配有一张施蒂格利茨（Stieglitz）拍摄的照片。在这张著名的肖像中，展现了她完全不同的一面：头发散开，体态性感，在后来的照片里有多严肃，在这张照片里看起来就有多放松、自由。在奥基弗的一生中，有许多著名摄影师为她拍摄过肖像，其中包括理查德·阿维顿、塞西尔·比顿和安妮·莱博维茨。但在施蒂格利茨之后，奥基弗开始自己决定面对镜头时的动作。直到1986年她在98岁高龄仙逝，她都以这么一套固定的严肃形象来面对公众。1983年，在安迪·沃霍尔的一次采访中，她答应让伊丽莎白·雅顿夫人为她化妆，随后她承认自己“回家后看见自己的样子，感到十分尴尬。只恨自己没有第一时间洗脸”。

↑奥基弗在新墨西哥州，1960年4月

亨利·马蒂斯
HENRI MATISSE

“那些用他们的灵魂和表达欲来工作的人……
才终将会成为最好的画家。”

——亨利·马蒂斯，《散失的1941年采访》（*The Lost 1941 Interview*），
马蒂斯与皮埃尔·库尔迪翁（Pierre Courthion）的对话

马蒂斯在法国韦曼多瓦海湾地区长大，自幼身边环绕着当地纺织工们制造的华丽丝绸。可以想见，马蒂斯被这些富有质感的织物所影响。他搜集了许多不同的面料，并将自己的收藏称为“工作档案馆”，随时取用以作为视觉参考，将面料的质地和色调融入作品的层次当中。2005年，纽约大都会博物馆首次展出了他珍藏的这些窗帘、碎布片、巴黎和土耳其风格的时装礼服，以及充满异国风情的非洲壁毯。人们首次得以在现场一睹这些布料，并直观地感受到马蒂斯对织物的迷恋。正如他那些作品的名字：《红色裙裤》（*Red Culottes*）《蓝色帽子》（*Blue Hat*）《黄色连衣裙》（*Yellow Dress*）以及《穿条纹套头衫的女子》（*Woman with Striped Pullover*）。

他将尼斯附近的圣母玛利亚教堂称为“伟大杰作”，那是一座完全由马蒂斯指导的建筑，从绿，黄，蓝三色的彩色玻璃窗，

→亨利·马蒂斯在工作室里，1913年

"你看那幅肖像，那位帽子上带着鸵鸟毛的年轻女士。那鸵鸟毛放在那里是个摆设，是装饰物，但同时又是以一个实物出现的；你能感觉到它那种轻盈的感觉，一丝丝下垂的羽毛，随着气流轻柔地摇摆。上衣的质地是一种非常特殊的织物。其上的图案带着独特的性格气质。我想要同时捕捉到人的特性和个性，在描绘对象中展现出我的一切所见所感。

——亨利·马蒂斯，在介绍他的作品《白色羽毛》（*White Plumes*，1991年）时如是说。摘自《马蒂斯聊艺术》（*Matisse on Art*），杰克·弗兰姆（Jack Flam）著，1995年到雕花的忏悔室木门，都由他亲手设计。1949年，他在*Vogue*杂志的采访中说，那是“一座充满欢乐的教堂，一个让人们快乐的地方”。他为教堂设计的法衣是明亮的紫色、粉色和绿色，由当地工匠和戛纳贴花艺术工作室的多明我会修女亲手缝制。

它们让人想起他在1919年为谢尔盖·迪亚吉列夫（Serge Diaghilev）的芭蕾舞剧《罗西诺圣歌》（*Le Chant du Rossignol*）创作的金色、粉色和橙色服装。在1946年对杰罗姆·塞克勒的采访中，马蒂斯说：“每个人都应该把不满和不愉快搁置一边。每个人都能找到令自己愉悦的事情。”而他的作品，都最大限度地体现了这一点。

在快70岁的时候，马蒂斯的主要创作方式变成了剪纸；当时他已罹患肠癌，而剪纸这门被他称为“彩色雕刻”的艺术，是他逐渐丧失绘画能力后的替代。他创作的灵感来自他所热爱的“来自扎伊尔的几何图案库巴布料”，他用水粉上色，创作出大小不一、有时堪称巨大的拼贴作品。这些作品备受赞誉，更成为时尚界经久不衰的灵感来源。这种简单图案的魅力，直接影响了Yves Saint Laurent 1980/1981 秋冬高定系列的设计，这一系列直接将他1953年的作品《小麦束》（*La Gerbe*）和《蜗牛》（*The Snail*）制作成绸缎叶片和几何图形贴布，并点缀在黑色天鹅绒晚礼服上面。设计师伊夫·圣·洛朗1983年的《新年快乐，亲爱的》贺卡同样也是受到这些剪纸的影响。伊夫·圣·洛朗非常热爱马蒂斯，还收藏了他的作品《蓝地毯和粉杜鹃》（*Les Coucous, Tapis Bleu et Rose*，1911年）。这件作品中的景象展现了艺术家对自然的热爱，于1980年被纳入伊夫·圣·洛朗的收藏中。设计师还曾向马蒂斯的《罗马尼亚人的上衣》（*La Blouse Roumaine*，1940年）致敬，直接重新创

马蒂斯的《戴帽的女子》（*Woman with a Hat*）在1905年的一次野兽派展览中，被格特鲁德和里奥斯坦因（Gertrude and Leo Stein）买下。马蒂斯之后又赠予斯坦因夫人一幅自己妻子艾米利亚（Amelie）的画像；因为格特鲁德喜欢她戴帽子的样子，马蒂斯又补画了一顶帽子。

造了画中的该服装，并且配予了画作中同款的宝石蓝天鹅绒裙子。

其他设计师也从马蒂斯那里获得了灵感。1982年，维维安·韦斯特伍德的秀场“泥土情结/布法罗女孩”（*Nostalgia of Mud, Buffalo Girls*）上，展出了一件印有马蒂斯式巧克力色印花的土黄色长袍裙。Comme des Garçon 2012年秋冬季系列也把马蒂斯元素带入了21世纪。 如果马蒂斯还在世，想必一定会对这些大胆而精彩的拼贴时装很感兴趣。

据传记作家希拉里·斯普林（Hilary Spurling）表示，马蒂斯青年时期经常穿着一身“红棕色”的西装出席一些需要“礼貌”的场合，而其余时间则是会反穿一件富有年代感的黑色羊皮夹克穿梭于蒙帕纳斯地区。在家的时候他一般会全天穿着他的睡衣；而且他在工作室穿的那一套条纹睡衣也因为出现在1909年的油画作品《谈话》（*The Conversation*）而成为永恒。 溅满颜料的白袍子加上一副玳瑁式眼镜，是他最经典的行头。步入50岁后，马蒂斯已经可以过上奢华的日子。当瑞士艺术史学家雷格纳·霍普（Ragnar Hoppe）在1919年采访他的时候，霍普记得马蒂斯的着装打扮“如同英国绅士般优雅……身穿一套裁剪时髦的浅灰色西装…… 他领巾的颜色和软绸衬衫一看就是精心搭配过的”。凯瑟琳·博科-维斯（Catherine Bock-Weiss）在她的作品《马蒂斯：叛逆的现代主义者》（*Henri Matisse: Modernist Against the Grain*）中表示，随着年龄增长，马蒂斯开始介意自己被塑造成一种严肃的“专业人士”形象；他儿子皮埃尔（Pierre）在他们去美国旅行时候为他拍的照片也证实了这一点。1930年10月的《时代》杂志上刊登了这位时年60岁的艺术家：他看上去非常年轻，少见地穿着件敞开领扣的白色衬衣。

马蒂斯最早起的赞助人之一是俄罗斯的面料大亨和企业家谢尔盖·希楚金（Sergei Shchukin），他也是历史上最著名、眼光最好的收藏家之一。他购买了很多马蒂斯的作品，而且在很早的时候就资助过他。

博科-维斯猜测，他想要给大众展现一种富有活力和潜力的形象。

直到最后，马蒂斯的生活都被丰富的色彩所包围和启迪。1949年他接受*Vogue*杂志采访时已经80岁，他“坐在红色的床上，穿着青色的背带裤，打着领带……膝盖上盖着一条黄红相间的毯子”。在癌症手术之后，他一直使用着轮椅，视力也不如当年——但是他还在用一把绑在长杆上的笔刷画画。

↑模特身穿一件灵感来自马蒂斯拼贴作品的外套，Comme des Garçons 2012-13秋冬成衣发布会，巴黎，2012年3月

Abramović, Marina. "An Intellectual Fashion: Marina Abramović." *AnOther*, December 13, 2010. http://www.anothermag.com/fashion-beauty/680/marina-abramovic.

——. "Embracing Fashion: Marina Abramović." *Art 21*, May 11, 2012. https://art21.org/watch/extended-play/marina-abramovic-embracing-fashion-short/.

Adams, Britanny. "Spring 2013 Ready-to-Wear: Daniel Vosovic." *Vogue*, October 15, 2012. https://www.vogue.com/fashion-shows/spring-2013-ready-to-wear/daniel-vosovic.

Adams, Johnny. "Marina Abramović: 'I've Always Been a Soldier.'" *The Talks*, June 13, 2012. http://the-talks.com/interview/marina-abramovic/.

Adams, Tim. "Cindy Sherman: 'Why am I in these photos?'" *Guardian*, July 3, 2016. https://www.theguardian.com/artanddesign/2016/jul/03/cindy-sherman-interview-retrospective-motivation.

Adburgham, Alison. "Fashion archive: Cecil Beaton's testament of fashion." *Guardian*, September 22, 2014. https://www.theguardian.com/fashion/2014/sep/22/fashion-cecil-beaton-anthology-v-a.

Ades, Dawn, and Daniel F. Hermann. *Hannah Höch: Works on Paper*. Munich: Prestel/Random House, 2014. https://www.randomhouse.de/leseprobe/Hannah-Hoech-Works-on-Paper/leseprobe_9783791353432.pdf.

Aitkenhead, Decca. "Steve McQueen: my hidden shame." *Guardian*, January 4, 2014. https://www.theguardian.com/film/2014/jan/04/steve-mcqueen-my-painful-childhood-shame.

Alison Jacques Gallery. "Robert Mapplethorpe: Fashion Show." Alison Jacques Gallery, 2013. https://www.alisonjacquesgallery.com/exhibitions/98/overview/.

Allen, Greg. "This Louise Bourgeois Shackle Necklace By Chus Burés Has No Title." Greg.org, August 4, 2016. http://greg.org/archive/2016/08/04/this_louise_bourgeois_shackle_necklace_by_chus_bures_has_no_title.html.

Alloway, Lawrence. "The World Is a Painting: Rauschenberg." *Vogue*, October 15, 1965.

Allwood, Emma Hope. "Rick Owens: 'I have to contribute beauty to the world.'" *Dazed*, October 2, 2015. http://www.dazeddigital.com/fashion/article/26814/1/rick-owens-on-the-inspiration-behind-his-human-harnesses.

Anderson, Alexandra. "The Collectors: Robert Mapplethorpe—An Eye for Tomorrow's Taste." *Vogue*, March 1985.

Andersen, Corrine. "Remembrance of an Open Wound: Frida Kahlo and Post-revolutionary Mexican Identity." *South Atlantic Review* 74, no. 4 (2009): 119–130. www.jstor.org/stable/41337719.

Anderson, Kristin. "20 Surreal Fashions to Fall Hard For, From Dalí to Magritte." *Vogue*, November 20, 2015. https://www.vogue.com/article/surreal-fashion-runway-salvador-dali-schiaparelli.

Archives of American Art. Oral history interview with Louise Nevelson. January 30, 1972. https://www.aaa.si.edu/collections/interviews/oral-history-interview-louise-nevelson-13163.

Art Quotes. *Tamara de Lempicka Quotes*. Art Quotes. http://www.art-quotes.com/auth_search.php?authid=6877#.WoNZ8vZFzIU.

Artspace. "Elizabeth Peyton." Undated. http://www.artspace.com/elizabeth_peyton.

——. "Robert Mapplethorpe: American Photographer." The Art Story. http://www.theartstory.org/artist-mapplethorpe-robert-artworks.htm#pnt_1.

Ascari, Alessio. "Cover Story: Vanessa Beecroft." *Kaleidoscope*, Winter 2016.

Bade, Patrick. *Lempicka*. New York: Parkstone International, 2006.

Bagley, Mark. *Marc Jacobs. W*, November 1, 2007. https://www.wmagazine.com/story/marc-jacobs-2.

Baldwin, Thomas. "Depictions of and Challenges to the New Woman in Hannah Höch's Photomontage." *Things Created by People*, April 20, 2015. http://www.thingscreatedbypeople.com/zine/depictions-of-and-challenges-to-the-new-woman-in-hannah-hochs-photomontage.

Barbato, Randy, and Fenton Bailey. *Robert Mapplethorpe: Look at the Pictures*. HBO Documentary Films, 2016.

Barnett, Laura. "Portrait of the artist: Steve McQueen, artist and film-maker." *Guardian*, September 14, 2009. https://www.theguardian.com/artanddesign/2009/sep/14/steve-mcqueen-artist-filmmaker.

Bartlett, Djurdja. *FashionEast: The Spectre that Haunted Socialism*. Cambridge: MIT Press, 2010.

Basquiat, Jean-Michel, Marc Mayer, and Fred Hoffman, eds. *Basquiat*. London and Brooklyn, NY: Merrell Publishers/Brooklyn Museum, 2005.

BBC-TV. Marcel Duchamp 1968 BBC interview. Posted by Dennis Liu, April 21, 2013. https://www.youtube.com/watch?v=Bwk7wFdC76Y.

Beaton, Cecil. Fashion, "Spring Ball Gowns." *Vogue*, 1951.

Beecroft, Vanessa. *VB16 Piano Americano-Beige*. Jeffrey Deitch (blog post), January 1996. http://deitch.com/deitch-projects/vb16-piano-americano-beige.

Belcove, Julie. "The Bazaar World of Dalí. The wildly imaginative Dalí led a life as surreal as his work." *Harper's Bazaar*, December 19, 2012. http://www.harpersbazaar.com/culture/features/g2436/salvador-dali-profile-1212/?slide=1.

Belinky, Beju. "Four things you never knew about Leigh Bowery." *Dazed*, May 28, 2015. http://www.dazeddigital.com/fashion/article/24888/1/four-things-you-never-knew-about-leigh-bowery.

Benezra, Neal David, Franz Schulze, Louise Rosenfield Noun, Christopher D. Roy, and Amy N. Worthen. *An Uncommon Vision: The Des Moines Art Center*. Manchester, VT: Hudson Hills, 1998.

Bernier, Rosamund. "People and Ideas: Matisse Designs a New Church." *Vogue*, 1949.

Bhattacharya, Sanjiv. "David Hockney: What I've Learned." *Esquire*, February 6, 2016. http://www.esquire.com/uk/culture/news/a10072/david-hockney-what-ive-learned/.

Bisson, Steve. "The Rodchenkos' Circle. Stylish People." *Urbanautica*, http://www.urbanautica.com/review/the-rodchenkoas-circle-stylish-people/39.

Blanco, Jose, Patricia Kay Hunt-Hurst, Heather Vaughan Lee, and Mary Doering. *Clothing and Fashion: American Fashion from Head to Toe*. Santa Barbara, CA: ABC-CLIO, 2015.

Blanks, Tim. Spring 2016 Menswear, "Rick Owens." *Vogue*, June 25, 2015. https://www.vogue.com/fashion-shows/spring-2016-menswear/rick-owens.

——. Spring 2018 Menswear, "Ann Demeulemeester." *Vogue*, June 30, 2007. https://www.vogue.com/fashion-shows/spring-2008-menswear/ann-demeulemeester.

Bock-Weiss, Catherine. *Henri Matisse: Modernist Against the Grain*. University Park: Pennsylvania State University Press, 2009.

Boré, Begüm Sekendiz. "Deconstructing Paris AW15: What does Joseph Beuys have in common with the Paris menswear shows?" *Dazed*, January 27, 2015. http://www.dazeddigital.com/fashion/article/23389/1/deconstructing-paris-aw15.

Bowles, Hamish. The Individualists, "Poetic Bohemia." *Vogue*, May 1, 2007.

Bradley, Laura. "Marina and Tisci: Dancing on the Edge." *Dazed*, August 9, 2013. http://www.dazeddigital.com/artsandculture/article/16836/1/marina-and-tisci-dancing-on-the-edge.

Bravo, Tony. "The Wearable-Haring Pioneers: Keith Haring Continues to Draw Followers." *San Francisco Chronicle*, December 13, 2014. http://www.sfgate.com/living/article/The-wearable-Haring-pioneers-Keith-Haring-5949088.php.

Brockes, Emma. "Jeff Koons: 'People respond to banal things—they don't accept their own history.'" *Guardian*, July 5, 2015. https://www.theguardian.com/artanddesign/2015/jul/05/jeff-koons-people-respond-to-banal-things-they-dont-accept-their-own-history.

Brown, Laura. "Cindy Sherman: Street-Style Star." *Harper's Bazaar*, February 9, 2016. http://www.harpersbazaar.com/culture/features/a14005/cindy-sherman-0316/.

Brown, Suzanne. "The Art of Yves Saint Laurent: Catherine Elkies' Perspective." *Denver Post*, May 17, 2012. http://blogs.denverpost.com/style/2012/05/17/art-yves-saint-laurent/16182/.

Bryant, Jr., Keith L. "Genteel Bohemian from Indiana: The Boyhood of William Merritt Chase." *Indiana Magazine of History*, March 1985. https://scholarworks.iu.edu/journals/index.php/imh/article/view/10601.

Burnley, Isabella. "Simone Rocha on Louise Bourgeois." *Dazed*, March 1, 2015. http://www.dazeddigital.com/fashion/article/17160/1/exclusive-simone-rocha-vs-louise-bourgeois.

Camhi, Leslie. "Designed for Living." *New York Times*, April 15, 2007. http://www.nytimes.com/2007/04/15/style/tmagazine/15tlouise.html?mcubz=1.

——. "Grand Gestures." *Vogue*, November 2005.

Carter, Angela, ed. *Nothing Sacred: Selected Writings*. New York: Time Warner Books, 1982.

Casley-Hayford, Alice. "Top 10 Warhol Inspired Collections." *Hunger*, October 6, 2015. http://www.hungertv.com/feature/top-ten-andy-warhol-inspired-collections/.

Caws, Mary Ann. *Pablo Picasso*. London: Reaktion Books, 2005.

——. *Salvador Dalí*. London: Reaktion Books, 2008.

Chadwick, Alex, and Madeleine Brand. "The Legend of Leigh Bowery." *Day to Day*, NPR, November 28, 2003. https://www.npr.org/templates/story/story.php?storyId=1524768

Chan, Katherine. "Belle Haleine: Marcel Duchamp's Readymade Perfume Bottle." *Mad Perfumista*, April 16, 2012. http://madperfumista.com/2012/04/16/everything-is-coming-up-roses-marcel-duchamps-readymade-perfume-bottle/.

Chilvers, Simon. "Robert Rauschenberg: the quiet minimalism of a style hero." *Guardian*, August 1, 2016. https://www.theguardian.com/fashion/2016/aug/01/robert-rauschenberg-quiet-minimalism-style-hero.

Chipp, Herschel B., Peter Selz, and Joshua C. Taylor. *Theories of Modern Art: A Source Book by Artists and Critics*. Berkeley: University of California Press, 1984.

Christobel, Sarah. "24 Hours with artist Marina Abramović." *Harper's Bazaar Australia*, February 1, 2017. https://www.pressreader.com/australia/harpers-bazaar-australia/20170201/281698319397863.

Chu, Christie. "8 Things That Will Change the Way You Think About Egon Schiele." *Artnet News*, June 12, 2015. https://news.artnet.com/market/7-things-to-know-egon-schiele-305958.

Claridge, Laura. *Tamara de Lempicka: A Life of Deco and Decadence*. New York: Clarkson Potter, 1999.

Clarke, Nick. "Show's lost berets at the ICA paint a picture of Pablo Picasso's influence on Britain." *Independent*, November 24, 2013. http://www.independent.co.uk/arts-entertainment/art/news/show-s-lost-berets-at-the-ica-paint-a-picture-of-pablo-picassos-influence-on-britain-8960894.html.

Colacella, Bob. "When Robert Mapplethorpe Took New York." *Vanity Fair*, March 2016. https://www.vanityfair.com/culture/2016/03/robert-mapplethorpe-new-york.

Collins, Amy Fine. "Diary of a Mad Artist." *Vanity Fair*, September 1995. https://www.vanityfair.com/culture/1995/09/frida-kahlo-diego-rivera-art-diary.

Cook, Rachel. The Observer, Louise Bourgeois, "My Art Is a Form of Restoration." *Guardian*, October 14, 2008. https://www.theguardian.com/artanddesign/2007/oct/14/art4.

Cotter, Holland. Art Review, "Fluffing Up Warhol: Where Art and Fashion Intersect." *New York Times*, November 7, 1997. https://www.nytimes.com/1997/11/07/arts/art-review-fluffing-up-warhol-where-art-and-fashion-intersect.html.

Cox, Neil. "Picasso and Politics." *Tate Etc.*, Issue 19 (Summer 2010), May 1, 2010. http://www.tate.org.uk/context-comment/articles/peace-and-politics-freedom.

Crane TV. "Egon Schiele: The Radical Nude." *Crane.tv*. http://crane.tv/egon-schiele.

Crimmens, Tamsin. "Five minutes with Marina Abramović?" *Elle*, July 11, 2014. https://www.elle.com/uk/fashion/celebrity-style/articles/a22301/five-minutes-with-marina-abramovic-performance-artist-serpentine-gallery-512-hours/.

Cumming, Laura. The Observer: Art, "Hannah Höch—Review." *Guardian*, January 13, 2014. https://www.theguardian.com/artanddesign/2014/jan/13/hannah-hoch-whitechapel-review.

Cutler, E. P., and Julien Tomasello. *Art + Fashion: Collaborations and Connections Between Icons*. San Francisco: Chronicle Books, 2015.

The Daily Beast. "Neil Winokur: 1980s Portraits." *Daily Beast*, October 28, 2009. https://www.thedailybeast.com/neil-winokur-1980s-portraits.

Dalí, Paris. *Dalí & Fashion*. Espace Dalí. http://daliparis.com/en/salvador-dali/dali-and-fashion.

Dalí, Salvador. "Costume do ano 2045, 1949–1950." MASP (Museu de Arte de São Paolo). https://masp.org.br/busca?search=Dali.

——. *Diary of a Genius*. Chicago: University of Chicago Press, 2007.

——. *The Secret Life of Salvador Dalí*. London: Vision Press, 1976. New York: Dial Press, 1942.

Danchev, Alex. "Picasso's Politics." *Guardian*, May 8, 2010. https://www.theguardian.com/artanddesign/2010/may/08/pablo-picasso-politics-exhibition-tate.

Dannatt, Adrian. "Dalí in Manhattan." *Beyond: The St. Regis Magazine*, 2017. http://magazine.stregis.com/the-surreal-life-of-dali-in-new-york/.

Darwent, Charles. Obituary, "Louise Bourgeois: Inventive and influential sculptor whose difficult childhood informed her life's work." *Independent*, June 1, 2010. http://www.independent.co.uk/news/obituaries/louise-bourgeois-inventive-and-influential-sculptor-whose-difficult-childhood-informed-her-lifes-1988691.html.

De Lempicka, Tamara. artquotes.com. http://www.artquotes.com/auth_search.php?authid=6877#.WmIbxVKcbR1.

Deitch Projects. "Paradise Garage." From the *Paradise Garage* exhibition catalogue, 2001. Keith Haring Foundation. http://www.haring.com/!/selected_writing/paradise-garage#.Wh1QEFVl_IU.

Dillon, Brian. "Hannah Höch: art's original punk." *Guardian*, January 9, 2014. https://www.theguardian.com/artanddesign/2014/jan/09/hannah-hoch-art-punk-whitechapel.

D'Orgeval, Domitille. "Macaparana: Chus Burés, A Dialogue between Art & Design." *Marlborough Monaco Gallery* (exhibition catalogue), March 31, 2014. http://abstractioninaction.com/happenings/macaparana-chus-bures-dialogue-art-design/.

Dorment, Richard. "Matisse the materialist." *Telegraph*, March 9, 2005. http://www.telegraph.co.uk/culture/art/3638423/Matisse-the-materialist.html.

Duchamp, Marcel, edited by Michel Sanouillet and Elmer Peterson. *The Writings of Marcel Duchamp*. Boston: Da Capo Press, 1973.

Duffy, Eleanor. "Scots designer to launch pop art fashion line with Kanye West." STV News, November 2, 2016. https://stv.tv/news/features/1371635-scots-designer-to-launch-pop-art-fashion-line-with-kanye-west/.

Duffy, Jean H. *Reading Between the Lines: Claude Simon and the Visual Arts*. Liverpool: Liverpool University Press, 1998.

Editors of *ARTnews*. "Artist, Academic, Shaman: Joseph Beuys on His Mystical Objects, in 1970." *ARTnews*, March 20, 2015. http://www.artnews.com/2015/03/20/academic-artist-scholar-shaman-joseph-beuys-on-his-mystical-objects-in-1970/.

Edwards, Gwynne. *Lorca, Buñuel, Dalí: Forbidden Pleasures and Connected Lives*. London: I.B.Tauris, 2009.

Elkann, Alain. "Elizabeth Peyton." Alain Elkann Interviews, August 25, 2014. http://alainelkann interviews.com/elizabeth-peyton/.

Epps, Philomena. "Why Egon Schiele is one of art's greatest provocateurs." *Dazed*, June 19, 2017. http://www.dazeddigital.com/artsandculture /article/36384/1/why-egon-schiele-is-one-of-arts-greatest-provocateurs.

"Erdem Takes a Stroke from Jackson Pollock." *Interview*, February 22, 2011. https://www .interviewmagazine.com/fashion/erdem-fall-2011-london.

Fage, Chloë. "Who is Vanessa Beecroft, the artist adored by Kanye West and the fashion world?" *Numero*, March 13, 2017. http://www. numero.com/en/art/who-is-vanessa-beecroft-the-artist-adored-by-kanye-west-and-the-fashion-world.

Fashion Institute of Technology. "2009 Couture Council Award for Artistry of Fashion: Dries van Noten." The Museum at FIT, 2009. https:// www.fitnyc.edu/museum/support/couture-council/dries-van-noten.php.

Feitelberg, Rosemary. "Q&A: Yayoi Kusama, Pop Artist." *WWD*, July 10, 2012. http://wwd .com/fashion-news/designer-luxury/kusama-returns-to-new-york-6063142/.

Feitelberg, Rosemary, and Alessandra Turra. "Costume National in Collaboration With Marina Abramović." *WWD*, December 29, 2014. http://wwd.com/fashion-news/fashion-scoops /just-heavenly-8086056/.

Felder, Rachel. "Beyond Studio 54: Halston and Andy Warhol." *Financial Times*, May 9, 2014. https://www.ft.com/content/6d42c4ee-d21c-11e3-97a6-00144feabdc0.

Ferrier, Morwenna. "Louise Bourgeois—the reluctant hero of feminist art." *Guardian*, March 14, 2016. https://www.theguardian.com /lifeandstyle/2016/mar/14/louise-bourgeois-feminist-art-sculptor-bilbao-guggenheim-women.

Fondazione Prada. "On 9 May 2015, Fondazione Prada Opens Its New Permanent Milan Venue and Presents a New Exhibition in Venice." Fondazione Prada, 2015. http://www .fondazioneprada.org/wp-content/uploads /Fondazione-Prada_In-Part_Press-release.pdf.

Freeland, Cynthia. *Portraits and Persons*. Oxford: Oxford University Press, 2010.

Fretz, Eric. *Jean-Michel Basquiat: A Biography*. Greenwood Publishing Group. Westport, CT: 2010.

Friedman, B. H. "An Interview with Lee Krasner Pollock." In *Jackson Pollock: Black and White* (exhibition catalogue). New York: Marlborough-Gerson Gallery, 1969. Available at https://www.moma.org/documents /moma_catalogue_226_300198614.pdf.

Frigeri, Flavia. "How Matisse made his masterpiece: the Vence Chapel." *Tate*, September 1, 2014. http://www.tate.org.uk/context-comment /blogs/how-matisse-made-his-masterpiece-vence-chapel.

Frowick, Lesley. "Fashion Forward Leadership: Halston for the Girl Scouts of the USA." Halston Style on Display, October 8, 2017. https://www.halstonstyle.com/halston-archives-girlscouts-blog/.

Fuentes, Carlos. *The Diary of Frida Kahlo: An Intimate Self-Portrait* (Introduction). New York: Harry N. Abrams, 1995.

Futurism. Didier Ottinger, ed. Milan: Centre Pompidou / 5 Continents Editions, 2008.

Gajo, Patricia. "Q&A: 5 minutes with Erdem." *Fashion*, August 31, 2011. https://fashionmagazine .com/fashion/5-minutes-with-erdem/.

Geldzhaler, Henry. "Basquiat, From the Subways to Soho." *Interview*, January 1983. Reposted as "New Again, Jean-Michel Basquiat," April 18, 2012. https://www.interviewmagazine.com/art /jean-michel-basquiat-henry-geldzahler.

George, Boy. "Leigh Bowery by Boy George." *Paper*, November 1, 2005. http://www.papermag .com/leigh-bowery-by-boy-george-1425181672 .html.

Gingeras, Alison. "Takashi Murakami." *Interview*, July 15, 2010. https://www.interview magazine.com/art/takashi-murakami.

Girst, Thomas, Luke Frost, and Therese Vandling. *The Duchamp Dictionary*. London: Thames & Hudson, 2014.

——. "Marcel Duchamp: a riotous A-Z of his secret life." *Guardian*. April 7, 2014. https://www .theguardian.com/artanddesign/2014/apr/07 /marcel-duchamp-artist-a-z-dictionary.

Glimcher, Arnald. "Oral history interview with Louise Nevelson," January 30, 1972. Smithsonian Archives of American Art. https://www.aaa .si.edu/download_pdf_transcript/ajax?record_ id=edanmdm-AAADCD_oh_212133.

Goodyear, Anne Collins, and James W. McManus. *aka Marcel Duchamp: Meditations on the Identities of an Artist*. Washington, DC: Smithsonian Institution Scholarly Press, 2014.

Gould, Hannah. "The journey towards more sustainable rubber leads to Russian dandelions." *Guardian*, November 6, 2015. https://www .theguardian.com/sustainable-business/2015 /nov/06/rubber-tyres-russian-dandelions-sustainability-timberland-shoes-waste.

Green, Adam. People Are Talking About: Theater. "Outtakes." *Vogue*, November 2003.

Gruen, John. *Keith Haring: The Authorized Biography*. Englewood Cliffs, NJ: Prentice Hall & IBD, 1992.

Gumble, Andrew. "Julian Schnabel: Art of the possible." *Independent*, February 23, 2008. http://www.independent.co.uk/news/people /profiles/julian-schnabel-art-of-the-possible-786136.html.

Gurewitsch, Matthew. "David Hockney and Friends." *Smithsonian*, August 2016. https: //www.smithsonianmag.com/arts-culture /david-hockney-and-friends-124133487/.

Haden-Guest, Anthony. "Burning Out." *Vanity Fair*, April 2, 2014. https://www.vanityfair.com /news/1988/11/jean-michel-basquiat.

Hannan, Jessica. "Dries van Noten on the Art that Inspired Him." *Sleek* 54, summer 2017. http://www.sleek-mag.com/2017/06/21/dries-van-noten-favorite-artworks/.

Harding, Luke. "My granddad the clown." *Guardian*, February 10, 2010. https://www .theguardian.com/artanddesign/2009/feb/10 /tate-modern-modernism.

Haring, Keith, with Robert Farris Thompson (Introduction) and Shepard Fairey (Foreword). *Keith Haring Journals* (Penguin Classics Deluxe Edition). New York: Penguin Random House, 2010.

Harper, Gillian. "Five Things You Might Not Know About Louise Bourgeois." *AnOther*, March 20, 2015. http://www.anothermag.com /art-photography/7170/five-things-you-might-not-know-about-louise-bourgeois.

Harris, Luther S. *Around Washington Square: An Illustrated History of Greenwich Village*. Baltimore, MD: Johns Hopkins University Press, 2003.

Harvey, Mark. "Costume drama: photographer Fergus Greer talks about capturing the bold, pioneering work of the late performance artist Leigh Bowery." *Advocate*, October 29, 2002.

Heide Education. *Louise Bourgeois at Heide*. Heide Museum of Modern Art, 2012. https: //d2x6fvmwptma01.cloudfront.net/cdn/farfuture /vTV-tVDKv4K2i9PuzzAqLKpIis_5gxwxRY gOkI1qJoQ/mtime:1444181197/sites/default/files /HeideEdResourceLouiseBourgeoisAtHeide_ opt.pdf.

Hellyer, Isabelle. "Calvin Klein just secured access to totally unseen Warhol artworks." *i-D*, November 29, 2017. https://i-d.vice.com/en_uk/article/mb3mmb/calvin-klein-just-secured-access-to-totally-unseen-warhol-artworks.

Henestrosa, Circe. "Appearances Can Be Deceiving: Frida Kahlo's Wardrobe." Museo Frida Kahlo. http://www.museofridakahlo.org.mx/assets/files/page_files/document/133/FILE_2_4.pdf.

Henri Matisse.org. "Henry Matisse Biography." https://www.henrimatisse.org.

Herrera, Hayden. Art View,"Why Frida Kahlo Speaks to the 90's." *New York Times*, October 28, 1990. http://www.nytimes.com/1990/10/28/arts/art-view-why-frida-kahlo-speaks-to-the-90-s.html?pagewanted=all.

——. *Frida: A Biography of Frida Kahlo.* New York: Harper Perennial, 2002.

Höch, Hannah. "A Few Words on Photomontage." In *Art of the Twentieth Century: A Reader*, edited by Jason Gaiger and Paul Wood. New Haven: Yale University Press, 2003.

Hodge, David. "Joseph Beuys: Felt Suit 1970." The Tate website. http://www.tate.org.uk/art/artworks/beuys-felt-suit-ar00092.

Holgate, Mark. View, "Dancer from the Dance." *Vogue*, September 2011.

Horyn, Cathy. "The Real Cindy Sherman." *Harper's Bazaar*, January 11, 2012. http://www.harpersbazaar.com/culture/art-books-music/interviews/g1802/cindy-sherman-artist-interview-0212/?slide=1.

——. "Givenchy's Spectacular 9/11 Fashion Show Actually Worked." *The Cut*, September 12, 2015.https://www.thecut.com/2015/09/givenchys-spectacular-911-fashion-show worked.html.

Howard, Jane. "A Host with a Genius for Jarring Juxtapositions." *Life*, December 9, 1966.

Huntsman Savile Row. "A Life in Fashion: The Wardrobe of Cecil Beaton." Undated. https://www.huntsmansavilerow.com/a-life-in-fashion-the-wardrobe-of-cecil-beaton/.

Hyde, Sarah. "How Egon Schiele Went From Radical Punk to Respected Artist." *Artnet News*, February 27, 2017. https://news.artnet.com/exhibitions/new-vienna-exhibition-challenges-our-perception-of-egon-schiele-871616.

Hyland, Véronique. "Watch a Day at London Fashion Week With Leigh Bowery in 1986." *The Cut*, April 21, 2015. https://www.thecut.com/2015/04/watch-a-day-at-lfw-with-leigh-bowery-in-1986.html.

Interview contributors. "Cindy Sherman." *Interview*, November 23, 2008. https://www.interviewmagazine.com/culture/cindy-sherman#_.

Jackson, Benjamin. "Rei Kawakubo and Louise Bourgeois Come Together In Our Newest Window Installation." The Window, Barneys.com, May 1, 2017. http://thewindow.barneys.com/rei-kawakubo-louise-bourgeois-comme-des-garcons/.

Jacobs, Laura. "See Karlie Kloss, Cate Blanchett, and More in These Breathtaking Watercolors." *Vanity Fair*, August 10, 2015. https://www.vanityfair.com/culture/2015/08/david-downton-illustrations-fashion-karlie-kloss-cate-blanchett.

Jana, Rosalind. "The powerful personal style of Frida Kahlo." *Dazed*, April 28, 2017. http://www.dazeddigital.com/fashion/article/35745/1/frida-kahlo-fashion-style-clothing-nikolas-muray-portraits.

The Joan Rivers Show. Club kids interview [Leigh Bowery et al.]. Posted by Carrie, S., February 20, 2006. https://www.youtube.com/watch?v=aAm1RcsCOEg.

Johnson, Ken. "Beautiful People Caught in Passivity by Peyton and Warhol." *New York Times*, August 2008. http://www.nytimes.com/2006/08/18/arts/design/18peyt.html?n=Top/Reference/Times%20Topics/People/P/Peyton,%20Elizabeth?ref=elizabethpeyton.

——. "Niki de Saint Phalle, Sculptor, Is Dead at 71." *New York Times*, May 23, 2002. http://www.nytimes.com/2002/05/23/arts/niki-de-saint-phalle-sculptor-is-dead-at-71.html.

Johnstone, Nick. The Observer, "Dare to bare." *Guardian*, March 13, 2005. https://www.theguardian.com/artanddesign/2005/mar/13/art.

Jones, Jonathan. "'He took sex to the point of oblivion': Tracey Emin on her hero Egon Schiele." *Guardian*, June 16, 2017. https://www.theguardian.com/artanddesign/2017/jun/16/tracey-emin-vienna-expressionist-egon-schiele-all-his-angst-made-sense.

——. "Joseph Beuys: Bits and Pieces." *Guardian*, April 2, 2002. https://www.theguardian.com/artanddesign/2002/apr/03/art.artsfeatures1.

Kaplan, James. "Big." New York, August 12, 1996.

Karmel, Pepe, ed. *Jackson Pollock: Interviews, Articles, and Reviews.* New York: Museum of Modern Art, 1999. https://www.moma.org/documents/moma_catalogue_226_300198614.pdf.

Karimzadeh, Marc. "Wearable Art." *W*, October 1, 2008. https://www.wmagazine.com/story/versace-jewels.

Keh, Pei-Ru. "Who's hue: Warby Parker puts Robert Rauschenberg in the frame." *Wallpaper*, May 25, 2017. https://www.wallpaper.com/fashion/warby-parker-robert-rauschenberg-roci-sunglasses-collection.

Kiaer, Christina. "Rodchenko in Paris." MIT Press, *October* 75 (Winter 1996): 3–35.

Kimmelman, Michael. "Dada Dearest: An Artist Alone with Her Work." *New York Times*, February 28, 1997. http://www.nytimes.com/1997/02/28/arts/dada-dearest-an-artist-alone-with-her-calling.html?mcubz=1.

——. "Robert Rauschenberg, American Artist, Dies at 82." *New York Times*, May 14, 2008. http://www.nytimes.com/2008/05/14/arts/design/14rauschenberg.html.

——. "The Secret of My Excess. Robert Rauschenberg, America's Most Irrepressible Artist, Spills the Beans to Michael Kimmelman." The *Guardian*, September 9, 2000.

Kolesnikov-Jessop, Sonia. "Julian Schnabel Painting Inspired Victoria Beckham's Latest Collection." *Blouin Artinfo*, May 11, 2014.

Kotz, Mary Lynn. *Rauschenberg: Art and Life.* New York: Harry N. Abrams, 1990.

LaBouvier, Chaédria. "The meaning and magic of Basquiat's clothes." *Dazed*, February 16, 2017. http://www.dazeddigital.com/fashion/article/34691/1/jean-michel-basquiat-fashion-and-sense-of-style.

Larocca, Amy. "The Bodies Artist." *The Cut*, August 9, 2016. https://www.thecut.com/2016/08/vanessa-beecroft-bodies-artist.html.

La Ferla, Ruth. "Art, and Handbags, for the People." *New York Times*, July 23, 2014. https://www.nytimes.com/2014/07/24/fashion/hm-and-jeff-koons-collaborate-on-a-handbag.html.

——. "For Your Distorted Pleasure." *New York Times*, June 19, 2008. http://www.nytimes.com/2008/06/19/fashion/19ROW.html.

L.A. Times Staff and Wire Reports. "Keith Haring; Subway Pop Graffiti Artist." *Los Angeles Times*, February 17, 1990. http://articles.latimes.com/1990-02-17/news/mn-439_1_keith-haring.

Laverty, Lord Christopher. "Pollock: Ed Harris in paint splattered clothing." *Clothes on Film*, February 15, 2011. http://clothesonfilm.com/pollock-ed-harris-in-paint-splattered-jeans/11059/.

Lavin, Maud. *Cut with the Kitchen Knife: The Weimar Photomontages of Hannah Höch*. New Haven: Yale University Press, 1993.

Lavrentiev, Alexander N. *Aleksandr Rodchenko: Experiments for the Future.* New York: The Museum of Modern Art, 2004.

Leaper, Caroline. "V&A announces 2018 exhibition dedicated to Frida Kahlo's Wardrobe." *Telegraph*, September 6, 2017. http://www.telegraph.co.uk/fashion/people/va-announces-2018-exhibition-dedicated-frida-kahlos-wardrobe/.

Leopold, Elisabeth. *Egon Schiele: Poems and Letters 1910-1912.* New York and London: Prestel, 2008.

Leung, Anna. "Hannah Höch at the Whitechapel Art Gallery." *The Art Section*, March 2014. http://www.theartsection.com/hannah-hoch.

Levasseur, Allison. "Ten Creative Talents Tell *AD* How Matisse Has Influenced Their Work." *Architectural Digest*, September 30, 2014. https://www.architecturaldigest.com/gallery/ten-creatives-inspired-by-matisse-slideshow/all.

Levy, Adam Harrison. "Henri Matisse: The Lost Interview." *Design Observer*, January 22, 2015. https://designobserver.com/feature/henri-matisse-the-lost-interview-part-ii/38739.

Levy, Ariel. "Beautiful Monsters: Art and Obsession in Tuscany." *The New Yorker*, April 18, 2016. https://www.newyorker.com/magazine/2016/04/18/niki-de-saint-phalles-tarot-garden.

L'Heureux, Catie. "Inside Cecil Beaton's Impeccable Wardrobe." *The Cut*, February 28, 2016. https://www.thecut.com/2016/02/cecil-beaton-life-in-fashion.html.

Life. "Pockets for No Purpose Are Fashion's Newest Decoration." Time Inc., January 22, 1940.

Lisle, Laurie. *Louise Nevelson, A Passionate Life.* New York: Summit/Simon & Schuster, 1990.

Macaulay, Alastair. "Rauschenberg and Dance: Partners for Life." *New York Times*, May 14, 2008. http://www.nytimes.com/2008/05/14/arts/dance/14coll.html.

Mackrell, Judith. *Tamara's Story.* (Extracted from *Flappers: Six Women of a Dangerous Generation.*) London: Pan Macmillan, 2013.

MacSweeney, Eve. "Footnotes." *New York Times*, July 2, 2000. http://www.nytimes.com/2000/07/02/magazine/footnotes-975311.html?mcubz=3.

Madsen, Anders Christian. "When Raf Met Robert." *i-D*, June 17, 2016. https://i-d.vice.com/en_uk/article/9kypg5/when-raf-met-robert.

Mail on Sunday Reporter. "Grayson Perry hat trick boosts his hearing: Artist wears a bonnet as a 'sort of ear trumpet.'" *Daily Mail*, February 10, 2015. http://www.dailymail.co.uk/health/article-2924576/Grayson-Perry-hat-trick-boosts-hearing-Artist-wears-bonnet-sort-ear-trumpet.html.

Margiela, Martin. "Interview with *Sphere*." *Knack*, March 2, 1983. Appeared in *6+Antwerp Fashion* by Geert Bruloot and Debo Kaat, *Ludion Editions*, 2007.

Marriot, Hannah. "Sense and sensuality: Dior embraces female artists while Saint Laurent sparkles." *Guardian*. September 26, 2017. https://www.theguardian.com/fashion/2017/sep/26/christian-dior-yves-saint-laurent-paris-fashion-week-spring-summer-2018-collections.

Marshall, Richard. *Jean-Michel Basquiat.* New York: Whitney Museum of American Art/Harry N. Abrams, 1992.

Martin, Richard. *Fashion and Surrealism.* London: Thames & Hudson, 1987.

Martin, Richard, and Harold Koda. *Christian Dior.* New York: Metropolitan Museum of Art, 1996.

Martineau, Paul, and Britt Salvesen. *Robert Mapplethorpe: The Photographs.* Los Angeles: J. Paul Getty Museum, 2016.

Martinez, Alanna. "Can You Guess the Famous Artists Behind This Jewelry?" *Observer*, April 19, 2017. http://observer.com/2017/04/artist-designed-jewelry-portable-art-project-hauser-wirth-exhibition/.

——. "The Many Notable Times Julian Schnabel Has Worn Pajamas in Lieu of Real Clothes." *Observer*, May 30, 2016. http://observer.com/2016/05/the-many-notable-times-julian-schnabel-has-worn-pajamas-in-lieu-of-real-clothes/.

"Matisse: The Fabric of Dreams—His Art and His Textiles." Press release, Metropolitan Museum of Art, 2005. https://metmuseum.org/press/exhibitions/2005/matisse-the-fabric-of-dreamshis-art-and-his-textiles.

Matisse, Henri, and Jack D. Flam, ed. *Matisse on Art.* Berkeley: University of California Press, 1995.

Matthews, Harry. "Living with Niki." *Tate Etc.*, Issue 12 (Spring 2008), January 1, 2008. http://www.tate.org.uk/context-comment/articles/living-niki.

McAteer, Susan. Commentary on *Louise Bourgeois* by Robert Mapplethorpe. *Tate*, February 2013. http://www.tate.org.uk/art/artworks/mapplethorpe-louise-bourgeois-ar00215.

McAuley, James. "The Artists and Their Alley, in Postwar France." *New York Times*, September 22, 2016. https://www.nytimes.com/2016/09/22/t-magazine/art/impasse-ronsin-artists-montparnasse-constantin-brancusi.html.

McCarthy, Fiona. "Artist of the Fascist superworld: the life of Tamara de Lempicka." *The Guardian*, May 15, 2004. https://www.theguardian.com/artanddesign/2004/may/15/art.

McCorquodale, Sarah. "How Warhol's work influenced our wardrobes." *BBC Culture*, April 27, 2015. http://www.bbc.com/culture/story/20150427-soup-cans-that-changed-fashion.

Mead, Rebecca. "Robert Mapplethorpe's Intimate Gifts to His Lover and First Male Model, David Croland." *New Yorker*, September 5, 2017. https://www.newyorker.com/culture/photo-booth/robert-mapplethorpes-intimate-gifts-to-his-lover-and-first-male-model-david-croland.

Meisler, Stanley. "Restoring the Portrait of an Artist: How a New Exhibition is Giving William Merritt Chase His Due." *Los Angeles Times*, June 23, 2016. http://www.latimes.com/entertainment/arts/la-ca-mn-william-merritt-chase-20160526-snap-htmlstory.html.

Menkes, Suzy. "Designers Dip into Klimt's Well." *New York Times*, November 12, 2012. http://www.nytimes.com/2012/11/13/fashion/13iht-fklimt13.html?mcubz=3.

——. "Ode to the Abstract: When Designer Met Dance." *New York Times*, January 8, 1998. http://www.nytimes.com/1998/01/08/style/ode-to-the-abstract-when-designer-met-dance.html.

——. "Positive Energy: Comme at 40." *New York Times*, June 8, 2009. http://www.nytimes.com/2009/06/09/fashion/09iht-fcomme.html.

——. "#SuzyPFW: Dior's Modern Muse, Artist Niki de Saint Phalle." *Vogue*, September 26, 2017. http://www.vogue.co.uk/article/suzypfw-diors-modern-muse-artist-niki-de-saint-phalle.

Mercurio, Gianni. "Keith Haring: In the Moment." The Keith Haring Foundation, 2005. http://www.haring.com/!/selected_writing/keith-haring-in-the-moment#.Wh1OgVVL_IU.

Metropolitan Museum of Art, Brooklyn Museum Costume Collection. "Shades of Picasso," dress by Gilbert Adrian. Metropolitan Museum of Art. https://www.metmuseum.org/art/collection/search/158903.

Metropolitan Museum of Art, Costume Institute. "Dali," dress by Christian Dior, 1949–1950. Metropolitan Museum of Art. https://metmuseum.org/art/collection/search/83745.

Mistry, Meenal. Fall 2012 Ready-to-Wear, "A. F. Vandevorst." *Vogue*, March 1, 2012. https://www.vogue.com/fashion-shows/fall-2012-ready-to-wear/a-f-vandevorst.

Miller, David C., ed. *American Iconology: New Approaches to Nineteenth-Century Art and Literature.* New Haven: Yale University Press, 1993.

Milligan, Lauren. "King Of Anarchy." *Vogue*, April 9, 2010. http://www.vogue.co.uk/gallery/malcolm-mclaren-vivienne-westwood-pays-tribute.

Moran, Justin. "Meet the Queer New York Designer Championing Upcycled Fashion." *Out*, February 5, 2017. https://www.out.com/fashion/2017/5/02/meet-queer-new-york-designer-championing-upcycled-fashion.

Mower, Sarah. Fall 2004 Couture, "Christian Dior." *Vogue*, July 6, 2004. https://www.vogue.com/fashion-shows/fall-2004-couture/christian-dior.

——. "Vetements Is a No-Show—Demna Gvasalia Announces He's Stepping Away From the Fashion Show System." *Vogue*, June 2, 2017. https://www.vogue.com/article/vetements-steps-away-from-fashion-shows.

Murphy, Mekado, and Laura Van Straaten. "Basquiat Before He Was Famous," video interview with Alexis Adler. *New York Times*, February 13, 2017. https://www.nytimes.com/2017/02/13/arts/design/jean-michel-basquiat-artwork.html.

Murphy, Tim. "Julian Schnabel Gives Us a Schnug." *New York*, February 1, 2008. http://nymag.com/daily/intelligencer/2008/02/julian_schnabel_gives_us_a_sch.html.

Nelson, Karin. Pulse, "The Man Made the Clothes." *New York Times*, July 25, 2010. https://archive.nytimes.com/query.nytimes.com/gst/fullpage-9B07E6DF1230F936A-15754C0A9669D8B63.html.

Nemser, Cindy. Interview in *Eva Hess*, edited by Mignon Nixon. Cambridge: MIT Press, 2002.

Nevelson, Louise. *Dawns and Dusks: Conversations with Diana MacKown*. New York: Macmillan & Co., 1976.

Newell-Hanson, Alice. "Elizabeth Peyton on Painting David Bowie from YouTube." *i-D*, December 14, 2016. https://i-d.vice.com/en_us/article/xwd8wj/elizabeth-peyton-on-painting-david-bowie-from-youtube.

Newman, Arnold. *Life* cover photograph of Niki de Saint Phalle. Time Inc., September 26, 1949.

Newman, Judith. "The Roving Eye: Lee Miller, Artist and Muse. *The New Yorker*, June 21, 2008.

New York Times. "The Very Best of Vanessa Beecroft," slideshow. May 19, 2016. https://www.nytimes.com/slideshow/2016/05/19/t-magazine/the-very-best-of-vanessa-beecroft/s/19tmag-beecroft-slide-X2YG.html.

Ng, David. "Bruce Nauman Wins a Golden Globe at Venice Biennale." Culture Monster, a *Los Angeles Times* blog, June 6, 2009. http://latimesblogs.latimes.com/culturemonster/2009/06/bruce-nauman-topological-gardens-venice-biennale-.html.

Nikkah, Roya. "New exhibition reveals Picasso's love affair with English style." *Telegraph*, February 5, 2012. http://www.telegraph.co.uk/culture/art/art-news/9061282/New-exhibition-reveals-Picassos-love-affair-with-English-style.html.

Nobel, Phillip. "Julian Schnabel, The Reluctant Decorator." *New York Times*, August 3, 2006. http://www.nytimes.com/2006/08/03/garden/03hotel.html?mcubz=3.

Norell, Norman, Louise Nevelson, et al. "Is Fashion an Art?" n.d. *Metropolitan Museum of Art Bulletin*. https://www.metmuseum.org/pubs/bulletins/1/pdf/3258881.pdf.bannered.pdf.

O'Brien, Glenn. "Andy Warhol." Interview conducted June 1977. *Interview*, December 1, 2008. https://www.interviewmagazine.com/art/andy-warhol.

——. Marc Jacobs interview. *Interview*, November 30, 2008. https://www.interview-magazine.com/fashion/marc-jacobs.

——. "Basquiat: Dressing to Conjure." *Nowness*, April 28, 2010. https://www.nowness.com/story/basquiat-dressing-to-conjure.

O'Hagan, Sean. "Canvassing support." *Guardian*, October 26, 2003. https://www.theguardian.com/film/2003/oct/26/features.magazine.

Ono, Yoko. "Over 1,057,000 people have been killed by guns in the USA since John Lennon was shot and killed on 8 Dec 1980." Twitter. March 20, 2013. https://twitter.com/yokoono/status/314339147672322050?lang=en

Paley, Maggie. "On Being Photographed." *Vogue*, November 1985.

Parker, Ian. "A Bizarre Body of Work." *Independent*, February 26, 1995. http://www.independent.co.uk/arts-entertainment/a-bizarre-body-of-work-1574885.html.

Parmal, Pamela A. "Dress in the Paintings of William Merritt Chase." Video of lecture. Museum of Fine Arts, Boston, December 30, 2016. https://www.youtube.com/watch?v=vOX1jIXFs0o.

Pasori, Cedar. "Interview: Barbara Kruger Talks Her New Installation and Art in the Digital Age." *Complex*, August 21, 2012. http://www.complex.com/style/2012/08/interview-barbara-kruger-talks-her-new-installation-and-art-in-the-digital-age.

Pernet, Diane. "Alex Van Gelder and How He Met Louise Bourgeois." A Shaded View on Fashion (blog), December 20, 2016. https://www.youtube.com/watch?v=3ttsPnh2WtM.

Perreault, John. Art: What's News, What's Coming, "Willem de Kooning in East Hampton/Frida Kahlo." *Vogue*, February 1978.

Phelps, Nicole. "From N.E.R.D to Bella Hadid—Off-White's Virgil Abloh Talks Influences." *Vogue*, August 17, 2017. https://www.vogue.com/article/off-white-virgil-abloh-forces-of-fashion-interview.

Pinnington, Mike. "Jackson Pollock: Separating Man from Myth." *Tate*, July 22, 2015. http://www.tate.org.uk/context-comment/articles/jackson-pollock-man-myth.

Pisano, Ronald G., completed by Carolyn K. Kane and D. Frederick Baker. *William Merritt Chase: Portraits in Oil*. New Haven: Yale University Press, June 2017.

Pithers, Ellie. "David Hockney: back on the fashion map." *Telegraph Fashion*, January 25, 2012. http://fashion.telegraph.co.uk/columns/ellie-pithers/TMG9037761/David-Hockney-back-on-the-fashion-map.html.

Planet Group Entertainment. "The Billy Name Interview" (from the "Factory People" Notebook). http://planetgroupentertainment.squarespace.com/the-billy-name-interview/.

——. "The Victor Bockris Interview" (from the "Factory People" Notebook). http://planetgroupentertainment.squarespace.com/the-victor-bockris-interview.

Pogrebin, Robin, and Scott Reyburn. "A Basquiat Sells for 'Mind-blowing' $110.5 Million at Auction." *New York Times*, May 18, 2017. https://www.nytimes.com/2017/05/18/arts/jean-michel-basquiat-painting-is-sold-for-110-million-at-auction.html.

Poiret, Paul. *King of Fashion: The Autobiography of Paul Poiret*. London: V&A Publishing, 2009.

Porter, Charlie. "American Graffiti." *Guardian*, March 30, 2001. https://www.theguardian.com/lifeandstyle/2001/mar/30/fashion1.

Prickett, Sarah Nicole. "Who Is Marc Jacobs?" *New York Times*, August 20, 2015. https://www.nytimes.com/2015/08/20/t-magazine/who-is-marc-jacobs.html?mcubz=0&mcubz=0.

Reed, Brian M. "Hand in Hand: Jasper Johns and Hart Crane." *Modernism/Modernity* 17, Issue 1, 2010: 21–45.

Reily, Nancy Hopkin. *A Private Friendship part 1. Walking to the Sun Prairie Land*. Santa Fe, NM: Sunstone Press, December 1, 2014.

Ricard, Rene. "The Radiant Child." *Artforum*, December 1981. https://www.artforum.com/print/198110/the-radiant-child-35643.

Richardson, John. "Leigh Bowery, 1961–94." *The New Yorker*, January 16, 1995. https://www.newyorker.com/magazine/1995/01/16/leigh-bowery-1961-94.

Rigg, Natalie. "Robert Rauschenberg's Million Dollar Window Displays." *AnOther*, August 8, 2016. http://www.anothermag.com/fashion-beauty/8943/robert-rauschenbergs-million-dollar-window-displays.

Rodman, Selden. *Conversations with Artists*. New York: Devin-Adair Publishing Company, 1957.

Roux, Caroline. "The Exceptional Portrait Painter." *The Gentlewoman*, Issue 8, Autumn and Winter 2013. http://thegentlewoman.co.uk/library/elizabeth-peyton.

Rose, Barbara. "A Garden of Earthly Delights." *Vogue*, December 1, 1987.

——. "The Individualist American Sculptor, Louise Nevelson." *Vogue*, June 1, 1976.

——. People Are Talking About, "Rauschenberg: The Artist as Witness." *Vogue*, February 1, 1977.

Rosenbaum, Ron. "Barbara Kruger's Artwork Speaks Truth to Power." *Smithsonian*, July 2012. http://www.smithsonianmag.com/arts-culture/barbara-krugers-artwork-speaks-truth-to-power-137717540/.

Rubin, William. "Violence? Yes, and Passion, Joy, Exuberance; Pollock Was No Accident." *New York Times*, January 27, 1974. http://www.nytimes.com/1974/01/27/archives/pollock-was-no-accident-violence-yes-and-passion-joy-exuberance.html?mcubz=0&mcubz=0.

Saatchi Art. "There are no miracles, there is only what you make." —Tamara de Lempicka. Twitter. May 16, 2015. https://twitter.com/SaatchiArt/status/599711061684662272.

Saint Phalle, Niki de. "Niki de Saint Phalle: the artist's workshop" (English-speaking archive footage). *Grand Palais*, November 25, 2014. https://www.youtube.com/watch?v=jDxpIKqks60.

Salvador Dalí Foundation. "Salvador Dalí I Domènech," biograhy of Dalí. https://www.salvador-dali.org/en/dali/bio-dali/.

San Francisco Museum of Modern Art. Artwork Guide: "Robert Rauschenberg." San Francisco Museum of Modern Art. https://www.sfmoma.org artwork-guide-robert-rauschenberg/.

Scaasi, Arnold. *Women I Have Dressed (and Undressed!)*. Simon & Schuster, 2007.

Scaggs, Austin. "Madonna Looks Back: The Rolling Stone Interview." *Rolling Stone*, October 29, 2009. http://www.rollingstone.com/music/news/madonna-looks-back-the-rolling-stone-interview-20091029.

Schiaparelli.com. Pablo Picasso: *Hands painted in trompe-l'oeil imitating gloves.* Maison Schiaparelli. http://www.schiaparelli.com/en/maison-schiaparelli/schiaparelli-and-the-artists/pablo-picasso/hands-painted-in-trompe-l-oeil-imitating-gloves/.

Schnabel, Julian. "The Artistry of Alaïa." *Interview*, "December 30, 2013. http://www.interviewmagazine.com/fashion/the-artistry-of-alaia/#_.

Schneier, Matthew. "Raf Simons salutes Robert Mapplethorpe, a Fellow Provocateur." *New York Times*, June 17, 2016. https://www.nytimes.com/2016/06/18/fashion/mens-style/raf-simons-robert-mapplethorpe-spring-2017-mens-fashion.html.

Schroder, Klaus Albrecht. "Egon Schiele—Self-portrait with peacock vest," video of lecture. Albertina Museum, February 22, 2017. http://www.castyourart.com/2017/05/09/egon-schiele-selbstbildnis-mit-pfauenweste/.

Schulz, Beatrice. "Well Cut: Hannah Höch at the Whitechapel Gallery." *Apollo*, January 30, 2014. https://www.apollo-magazine.com/well-cut-hannah-hoch-whitechapel-gallery/.

Schwendener, Martha. "Avedon, Breaking Through the Artifice of Celebrity." *New York Times*, June 25, 2011. http://www.nytimes.com/2011/06/26/nyregion/richard-avedon-photographer-of-influence-review.html?mcubz=3.

Searle, Adrian. "Dream weaver." *Guardian*, March 8, 2005. https://www.theguardian.com/culture/2005/mar/08/1.

Secher, Benjamin. "Alexander Rodchenko: a man who took life lying down." *Telegraph*, February 9, 2008. http://www.telegraph.co.uk/culture/art/3671028/Alexander-Rodchenko-A-man-who-took-life-lying-down.html.

——. "Andy Warhol TV: maddening but intoxicating." *Telegraph*, September 30, 2008. http://www.telegraph.co.uk/culture/film/3561451/Andy-Warhol-TV-maddening-but-intoxicating.html.

Seed, John. The Blog: "Driving Mr. Basquait." *Huffington Post*, July 29, 2010. https://www.huffingtonpost.com/john-seed/driving-mr-basquiat_b_658553.html.

Selsdon, Esther, and Jeanette Zwingenberger. *Egon Schiele.* London: Parkstone Press International, 2011.

Sen, Raka, and Vanessa Castro. "12 Things to Know About Vanessa Beecroft, Kanye West's Visual Art Collaborator." *Complex*, December 5, 2013. http://www.complex.com/style/2013/12/kanye-west-vanessa-beecroft/.

Shafrazi, Tony. "Keith Haring. A Great Artist, A True Friend." Essay in *The Keith Haring Show* (exhibition catalogue). Milan: Skira, 2005. Via Keith Haring Foundation website. http://www.haring.com/!/selected_writing/keith-haring-a-great-artist-a-true-friend#.WhwVPlVl_IU.

Shanes, Eric. *The Life and Masterworks of Salvador Dalí.* London: Parkstone Press Ltd, 2010.

Shapiro, David. Interview, "Vanessa Beecroft." *Museo*, 2008. http://www.museomagazine.com/VANESSA-BEECROFT.

Sheff, David. "Keith Haring, An Intimate Conversation." *Rolling Stone*, August 1989. Via Keith Haring Foundation website. http://www.haring.com/!/selected_writing/rolling-stone-1989#.WhwLoVVl_IU.

Sidhu, TJ. "Raf Simons debuts Mapplethorpe-inspired SS17 campaign." *Dazed*, January 31, 2017. http://www.dazeddigital.com/fashion/article/34538/1/raf-simons-debuts-mapplethorpe-inspired-ss17-campaign.

Sischy, Ingrid. "Kid Haring." *Vanity Fair*, 1997. Via Keith Haring Foundation website. http://www.haring.com/!/selected_writing/kid-haring#.Wh1oolVl_IU.

Smith, Patti. *Just Kids.* New York: Ecco Press/HarperCollins, 2010.

Smith, Roberta. Critics' Notebook, "Standing and Staring, Yet Aiming for Empowerment." *New York Times*, May 6, 1998. https://www.nytimes.com/1998/05/06/arts/critic-s-notebook-standing-and-staring-yet-aiming-for-empowerment.html.

——. Art in Review, "Raoul Dufy—'Fashion Drawings for Paul Poiret and Other Works.'" September 3, 1999. http://www.nytimes.com/1999/09/03/arts/art-in-review-raoul-dufy-fashion-drawings-for-paul-poiret-and-other-works.html.

Smithgall, Elsa, and John Davis. *William Merritt Chase: A Modern Master*. New Haven: Yale University Press, 2016.

Smithsonian Magazine. In Conversation with Patti Smith: "How Frida Kahlo's Love Letter Shaped Romance for Punk Poet Patti Smith." *Smithsonian*, January 2016. https://www.smithsonianmag.com/smithsonian-institution/how-frida-kahlos-love-letter-shaped-romance-punk-poet-laureate-patti-smith-180957682/.

Solomon, Deborah. *Jackson Pollock: A Biography.* New York: Simon & Schuster, 1987.

Sooke, Alistair. "Miuccia Prada Interview: Fondazione Prada, Milan." *Telegraph* online, May 5, 2009. https://www.telegraph.co.uk/culture/art/5277507/Miuccia-Prada-interview-Fondazione-Prada-Milan.html.

Spero, Nancy, and Helmut Lang. "Dear Louise." *Tate Etc.,* Issue 11 (Autumn 2007). http://www.tate.org.uk/context-comment/articles/dear-louise.

Spindler, Amy M. "Patterns: Call it Deconstruction." *New York Times*, June 14, 1994. http://www.nytimes.com/1994/06/14/style/patterns-389765.html?mcubz=3.

Spivack, Emily. "Yayoi Kusama, High Priestess of Polka Dots." *Smithsonian*, September 28, 2012. https://www.smithsonianmag.com/arts-culture/yayoi-kusama-high-priestess-of-polka-dots-53981061/.

Spurling, Hilary. *The Unknown Matisse: A Life of Henri Matisse: The Early Years, 1869–1908.* New York: Knopf/Random House, 1998.

Spurling, Hilary, Ann Dumas, and Norman Rosenthal. *Matisse, His Art and His Textiles: The Fabric of Dreams* (exhibition catalogue). London: Royal Academy of Arts, 2004.

Stafford, Jerry. "'Do you find beauty in horror?' Peter Philips, Creative and Image Director of Christian Dior Make-up, meets The Queen of Art-Gore, Cindy Sherman:" *System*, Issue 4, October 16, 2014. http://system-magazine.com/issue4/cindy-sherman-peter-philips/.

Stansfield, Ted. "Cindy Sherman turns mock street-style star for Harper's." *Dazed*, February 12, 2016. http://www.dazeddigital.com/fashion/article/29782/1/cindy-sherman-turns-mock-street-style-star-for-harper-s.

——. "The dA-Zed guide to Gosha Rubchinskiy." *Dazed*, June 15, 2016. http://www.dazeddigital.com/fashion/article/31582/1/the-da-zed-guide-to-gosha-rubchinskiy.

Steiner, Reinhard. *Egon Schiele, 1890–1918: The Midnight Soul of the Artist.* Cologne: Taschen, 2000.

Stone, Bryony. "Grayson Perry's Dresses are going on display in Liverpool." *It's Nice That*, October 26, 2017. https://www.itsnicethat.com/news/grayson-perry-dresses-walker-art-gallery-liverpool-art-261017.

Studio International. "Mondrian in London," December 1966. Via Snap-dragon.com. http://www.snap-dragon.com/PMStudioInt.html.

Sturgis, Alexander, Rupert Christiansen, Lois Oliver, and Michael Wilson. *Rebels and Martyrs: The Image of the Artist in the Nineteenth Century.* (exhibition catalogue). New Haven: Yale University Press/National Gallery Publications, 2006.

Sunnucks, Jack. "Rockstud Untitled: Vanessa Beecroft Collaborates with Valentino." *i-D /Vice*, May 3, 2016. https://i-d.vice.com/en_uk/article/59g4yq/rockstud-untitled-vanessa-beecroft-collaborates-with-valentino.

Swanson, Carl. "Marina Abramović at 70." *New York*, October 17, 2016. https://www.thecut.com/2016/10/marina-abramovic-walk-through-walls-c-v-r.html.

Szmydke-Cacciapalle, Paulina. "Edeline Lee RTW Fall 2017." *WWD*, February 19, 2017. http://wwd.com/runway/fall-ready-to-wear-2017/london/edeline-lee/review/.

Teodorczuk, Tom. "Julian Schnabel: the artist and film director makes his London comeback." *Evening Standard*, May 1, 2014. https://www.standard.co.uk/lifestyle/esmagazine/julian-schnabel-the-artist-and-film-director-makes-his-london-comeback-9306876.html.

Tilley, Sue. *Leigh Bowery: The Life and Times of an Icon.* London: Hodder & Stoughton, 1997.

Tomkins, Calvin. "The Artists of the Portrait; The Deliverance of Elizabeth Peyton." *The New Yorker*, October 6, 2008. http://www.newyorker.com/magazine/2008/10/06/the-artist-of-the-portrait.

——. "Western Disturbances: Bruce Nauman's Singular Influences." *The New Yorker*, June 1, 2009. https://www.newyorker.com/magazine/2009/06/01/western-disturbances.

Topshop blog. "Six Times David Hockney Collided with Fashion." February 9, 2015. http://www.topshop.com/blog/2016/02/six-times-david-hockney-collided-with-fashion-2.

Toynton, Evelyn. *Jackson Pollock.* New Haven: Yale University Press, 2012.

Trebay, Guy. "The Oscar For Best Provocateur . . ." *New York Times,* November 18, 2011. https://www.nytimes.com/2011/11/20/fashion/marina-abramovics-crossover-moment.html?m.

Tscherny, Nadia. "Beautiful People." *Art in America*, February 23, 2009. https://www.artinamericamagazine.com/news-features/magazines/elizabeth-peyton/.

Tulloch, Carol. *The Birth of Cool: Style Narratives of the African Diaspora.* London: Bloomsbury, 2008.

Umland, Anne, ed.; text by Stephanie D'Allesandro, Michael Draguet, and Claude Goormans. *Magritte: The Mystery of the Ordinary 1926–1938* (exhibition catalogue). New York: Museum of Modern Art, 2013. https://macaulay.cuny.edu/eportfolios/calirmanfall2013/files/2013/08/Magritte-Catalogue2.pdf; https://www.moma.org/interactives/exhibitions/2013/magritte/#/featured/1.

Umland, Anne, and Adrian Sudhalter, eds. *Dada in the Collection of the Museum of Modern Art.* New York: Museum of Modern Art, July 2008.

Vidal, Susana Martinez. *Frida Kahlo: Fashion as The Art of Being.* New York: Assouline Publishing, 2016.

Vogue. Arts and Entertainment, "All Hail Hockney." January 30, 2017. http://www.vogue.co.uk/article/david-hockney-exhibition-from-vogue-february-issue.

——. Fashion, "Dali Prophesies 'Mobile' Jewels." January 1939.

——. Fashion, "Picasso paintings on display." January 1, 1940.

——. Fashions in Living, "Vogue's Decorating Finds and Ideas for Fashions in Living: Action Decorating: Cecil Beaton's Idea." 1968.

——. Living, "2 Design(er)s For Living: Marc Bohan and Calvin Klein." 1975.

Volandes, Stellene. Fashion: Vogue's View, "Puff Pieces: Rei Kawakubo's Designs for the Merce Cunningham Dance Company May Find a New Generation Doing the Bump." October 1, 1997.

——. Fashion: News: "Exports to Paris, American Designs." *Vogue*, February 1950.

Wakefield, Neville. "Vanessa Beecroft: South Sudan." *Flash Art*, December 2006. http://www.flashart.com/article/vanessa-beecroft-2/.

Walker, Tim. "An Egon Schiele–Inspired Shoot by Tim Walker." *i-D*, May 17, 2017. https://i-d.vice.com/en_uk/article/vbdekx/an-egon-schiele-inspired-shoot-by-tim-walker.

Warhol, Andy. *The Philosophy of Andy Warhol from A to B and Back Again.* New York: Penguin Modern Classics, 2007 (Harcourt Brace Jovanovich, 1975).

Warhol, Andy, Emilia Petrarca, and Halston. "Interview with Keith Haring." *Interview*, 1984. Reposted as "New Again: Keith Haring," August 6, 2013. https://www.interviewmagazine.com/art/new-again-keith-haring.

Welters, Linda. "Matisse: the fabric of dreams." *Textile* 4, no. 3: 376–382, 2006. https://www.tandfonline.com/doi/abs/10.2752/147597506778691503.

Whitechapel Gallery. "Elizabeth Peyton: Live Forever." Whitechapel Gallery, 2009. http://www.whitechapelgallery.org/exhibitions/live-forever-elizabeth-peyton/.

Widdicomb, Ben. "Now Fawning: Vanity Fair's International Best-Dressed List." *New York Times*, July 29, 2008. http://tmagazine.blogs.nytimes.com/2008/07/29/now-fawning-vanity-fairs-international-best-dressed-list/.

Wilcox, Claire. *The Golden Age of Couture. Paris and London 1947–1957.* London: V&A Publishing, 2007.

Wild, Benjamin. *A Life in Fashion: The Wardrobe of Cecil Beaton.* London: Thames & Hudson, 2016.

Wilson, Laurie. *Louise Nevelson: Light and Shadow.* London: Thames and Hudson, 2016.

Wilson, Megan Ann. "The Complete Guide to Jean-Michel Basquiat References in Hip-Hop." *Complex*, June 28, 2013. http://www.complex.com/style/2013/06/jean-michel-basquiat-hip-hop/.

Wiseman, Eva. Profile: Marc Jacobs, "A designer with bags of talent." *Guardian*, August 2008. https://www.theguardian.com/lifeandstyle/2008/aug/31/fashion.celebrity1.

Wolfe, Bertrand D. Features, "Rise of Another Rivera." *Vogue*, November 1,1938.

Wroe, Nicholas. "David Hockney: a life in art." *Guardian*, January 13, 2012. https://www.theguardian.com/culture/2012/jan/13/david-hockney-life-in-art.

Wullschlager, Jackie. "Seven Exhibitions Inaugurate Milan's Prada Foundation." *Financial Times*, May 8, 2015. https://www.ft.com/content/fe403bdc-f3dd-11e4-99de-00144feab7de.

WWD Staff. "Comme des Garçons, Vogue Fete Tokyo Store." May 2009. http://wwd.com/fashion-news/fashion-scoops/comme-des-garcons-vogue-fete-tokyo-store-2147500/.

Young, Joan, and Susan Davidson. "Chronology." Rauschenberg Foundation. https://www.rauschenbergfoundation.org/artist/chronology-new.

Zahm, Olivier. "In the Skin of the Artist." *Purple*, Issue 27 (Spring/Summer 2017). http://purple.fr/magazine/ss-2017-issue-27/vanessa-beecroft-2/.

图片版权

Front cover photograph: Nickolas Muray © Nickolas Muray Archives.

Alamy Stock Photo: Agencja Fotograficzna Caro/Alamy Stock Photo; Art Collection 2/Alamy Stock Photo; Dominic Dibbs; Granger Historical Picture Archive; WorldPhotos/Alamy Stock Photo.

Bridgeman: Allen Memorial Art Museum, Oberlin College, Ohio, USA/Gift of Helen Hesse Charash/ Bridgeman Images.

DACS 2018: © Hannah Höch.

Getty Images: Barbara Alper/Contributor, bottom; Austrian Archives/Imagno/Getty Images; Bettmann; Lee Black Childers/Redferns; Bloomberg/Contributor; Stephane Cardinale/Corbis via Getty Images; Gareth Cattermole/Staff; Michele Crosera/Stringer; Robert Doisneau/Gamma-Rapho/Getty Images; Nick Elgar/Corbis/VCG via Getty Images; Fine Art Images/Heritage Images/Getty Images; Sean Gallup/Staff, top; Yann Gamblin/ Paris Match via Getty Images; Pierre Guillaud/AFP/Getty Images; Jacques Haillot/Sygma/Sygma via Getty Images; Evelyn Hofer/Getty Images; Martha Holmes/The LIFE Picture Collection/Getty Images; Hulton Archive/ Getty Images; Kim Jae-hwan/AFP/Getty Images; Imagno/Getty Images; Michael Kappeler/AFP/Getty Images; Keystone-France/Gamma-Keystone via Getty Images; King Collection/Photoshot/Getty Images; Alexander Klein /AFP/ Getty Images; Pascal Le Segretain/Getty Images; Michael Loccisano; Shaun Mader/Patrick McMullan via Getty Images; Gabriela Maj; Jack Manning/Contributor; Guy Marineau/Conde Nast via Getty Images; Chris Moore/Catwalking/Contributor; Lusha Nelson/Condé Nast via Getty Images; Arnold Newman/Getty Images; Rindoff Petroff/ Dufour/Getty Images; Print Collector/Getty Images; Kerstin Rodgers/Redferns; Steve Russell/Contributor; Nancy R. Schiff/Getty Images; Schütt/Ullstein Bild via Getty Images; Bert Stern/Condé Nast via Getty Images; Allan Tannenbaum/Getty Images; The Royal Photographic Society Collection/National Science and Media Museum/SSPL/ Getty Images; Antonello Trio; Ullstein Bild/Contributor; Ullstein Bild/Ullstein Bild via Getty Images; Universal History Archive; Tony Vaccaro/Hulton Archive/Getty Images: 191; Pierre Verdy/AFP/Getty Images; Willy Vanderperre/ Conde Nast via Getty Images; Victor Virgile/Gamma-Rapho via Getty Images; Oscar White/Corbis/VCG via Getty Image.

François Le Diascorn: © François Le Diascorn.

The Norman Parkinson Archives/Iconic Images: © Iconic Images/Norman Parkinson.

Dusan Reljin: © Dusan Reljin.

Shutterstock: AP/Shutterstock; Granger/Shutterstock; Greg Mathieson/Shutterstock; John Aquino/Penske Media/Shutterstock; Sipa Press/Shutterstock; Startraks Photo/Shutterstock; Unimediaimages Inc–ADC/Shutterstock; © Shutterstock/Abstractor: gray paint texture throughout; © Shutterstock/LUMIKKSSS: blue painted background throughout.

WireImage: Antonio de Maraes Barros Filho/WireImage.

致 谢

This book is dedicated to William, Freddie, and Andrew.

Huge thanks to Hayley Harrison, Naeemah Miah, Francesca Rose, Jennifer Sesay Barnes, Gina Gibbons, Diane Rooney, Lulu Guinness, Jo Unwin, Pippa Healy, Francine Bosco, Carrie Kania, Elizabeth Viscott Sullivan, Lynne Yeamans, Tanya Ross-Hughes, Tricia Levi, and Dani Segelbaum.

图书在版编目（CIP）数据
传奇艺术家与他们的衣着 / (英) 特里·纽曼 (Terry Newman) 著；邓悦现译. -- 重庆：重庆大学出版社, 2022.1（2022.9重印）
（万花筒）
书名原文: Legendary Artists and the Clothes They Wore
ISBN 978-7-5689-3001-7
Ⅰ.①传… Ⅱ.①特 ②邓… Ⅲ.①服饰美学 Ⅳ.①TS941.11
中国版本图书馆CIP数据核字（2021）第227910号

传奇艺术家与他们的衣着
CHUANQI YISHUJIA YU TAMENDE YIZHUO
[英] 特里·纽曼 (Terry Newman) 著
邓悦现 译

策划编辑: 张 维 姚 颖
责任编辑: 张 维
书籍设计: M^{OO} Design
责任校对: 邹 忌
责任印制: 张 策

重庆大学出版社出版发行
出版人: 饶帮华
社址:（401331）重庆市沙坪坝区大学城西路21号
网址: http://www.cqup.com.cn
印刷: 天津图文方嘉印刷有限公司

开本: 720mmx1020mm 1/16 印张: 15 字数: 245千
2022年1月第1版 2022年9月第2次印刷
ISBN 978-7-5689-3001-7 定价99.00元

版贸核渝字（2020）第 112 号

Published by arrangement with Harper Design,
an imprint of HarperCollins Publishers.